從零開始打造
北歐風格的家

張顥璇——著

YOUR NORDIC HOME

TIPS FOR REFURBISHING, FURNISHING
AND STYLING YOUR SPACE

獻給我的父母親福傳與鈴雯，
是你們給了我人生中第一個美好的家。

〔Chapter 3〕
從公共區域開始你的設計藍圖

[Chapter 4]
創造有幸福感的私密空間

台灣居家適合參考「北歐風格」的原因

「為什麼我家那麼不好看？」

2020年時，我搬進位於北歐五國之一的挪威首都奧斯陸的新家。看著自家的客廳，我心裡這麼納悶著。

十幾年前，我在美國加州柏克萊大學讀書時，認識同為交換學生的挪威老公；我們遠距戀愛了七年多之後，我終於搬來奧斯陸這座美麗的城市，開始在挪威的金融業工作。

也是從那時候開始，我被北歐的居家生活美學深深地觸動——每個我曾造訪過的家人與朋友住家都美得如詩如畫，卻又真實而自然。於是，搬進自己的挪威新家後，我亟欲打造同樣具有美感的家，但總覺得差強人意……

「好像沒那麼美，沒那麼自然，沒那麼有溫度。」尤其我回憶當初在看房時，前屋主的家具與擺設都還在；當時，我與挪威籍的先生都覺得找到了我們的「夢想家園」。

直到搬進來以後，面對空蕩蕩的屋子，不安的我告訴自己不用擔心：「只要等沙發來了之後，把我們原有的抱枕丟上去，一切就

會變美了。」後來，沙發來了，抱枕也擺上去了，沒想到，家裡竟然變得更醜了！

那是我第一次深刻感受到關於居家設計與佈置，仍有許多不熟悉之處，而我，剛好正身處一個充滿寶藏、值得我觀察與學習的地方：北歐。

懷著納悶與不甘心，我開始細心實作、研究、調整；帶著台灣長大的一雙眼睛與一顆好奇的心，不想一味地模仿，而是嘗試理解北歐人對居家風格與生活本質的思考。

後來，在2021年冬天，我的家很榮幸登上了挪威最大報紙《Aftenposten》，以及美國居家設計佈置媒體《Apartment Therapy》，同時我也接受了挪威國家廣播電台NRK的採訪。

◆ 分享有溫度的人文觀點，而不只是著墨在模仿

在這個觀察、研究與實踐的過程中，我開始把我所看到、理解到的想法與觀點，分享在臉書粉絲專頁「與凱西一起打造北歐風格的家」，並且有幸在三個月內達到萬人追蹤，這也讓我更加相信，我眼中這個美麗的世界，與它背後的成因，對許多人來說也同樣有趣且充滿意義。而我，似乎可以搭起一座傳遞居家佈置文化的橋梁。

我是一個感性的人，每天都對不同人事物抱有一些感觸與新的想法。從小我最喜歡的「創作」是彈鋼琴，同時也一直維持著寫作的興趣。然而，我求學過程卻選擇了相對理性的學科——大學專攻經濟學。我記得，當時大一的第一堂課，教授就對我們說出「一百個經濟學家，會給出一百零一個觀點」這句名言。

後來，我碩士在英國念的是管理科學。那時上課最常做的，是討論著名的管理學論文；我們不斷探究著「哪些研究方法可能有問題、如果我們來做有什麼可以改進的地方」。

這也讓我更加明白，許多時候，世界上流傳的是多元的「觀點」，而不是所謂的真理；這樣理性與感性的結合，幫助了我在寫作時，不僅可以保有敘事的邏輯，還能引發共鳴。所以，儘管

我盡力提高它的實用性，但它並不是一本「要照著我說的這樣做」的工具書。

這是一本分享「北歐居家設計、佈置與生活觀點」的書，希望能帶給所有人對「家」的不同思考方向。

◆ 為什麼「北歐風格的家」值得台灣人參考？

大家常聽到的北歐五國，包含冰島、挪威、瑞典、丹麥與芬蘭，英文為「the Nordics」或「the Nordic countries」。而其中的挪威、瑞典、丹麥三個國家，有更相近的文化與歷史，語言大多可以互通，被稱為「斯堪地那維亞國家」，英文是「the Scandinavian countries」。我們時常聽到的「Scandinavian home」，也更接近挪威、瑞典、丹麥這三國的風格。

北歐國家除了居家風格之外，還有幾個共同點：他們的人均收入名列世界前茅，同時稅率高、社會福利完善——例如生完小孩之後，在這段最手忙腳亂的時期，父母普遍共有長達約一年的全薪假。

因此，在「生存」與「應付日常瑣事」之外，北歐人有比較多機會認真思考「生活」的本質，也有更多能力與時間，來將夢想中的居家環境付諸實踐。

而從北緯54度開始一路向北極圈蔓延的北歐，有著漫長的冬季與無盡的黑夜，同時人們也有更多時間長期待在家裡。

「家」，不是一個下班後或飯局結束，一進門隨意看看電視就洗澡、睡覺的地方，而是生活的場域，是真實人生發生的重要舞台，所以更應該要將居住空間打造成自己喜歡的模樣。

於是相較世界各地，北歐人對於美好家居相對「有需求、有動機、有時間、有能力」——我想，這也是「北歐風格」的居家佈置聞名的主要原因。

然而，這本書不是旨在讚揚歌頌北歐之好。我相信，每個國家的生活都有其令人著迷、值得欣賞與學習的部分。我常說，如果我喜歡北歐的十件事，那我同時也正懷念著台灣的十件事。

只因為，北歐人在「居家設計與佈置」這塊領域，讓我看到了以往不曾見識的美麗新世界，於是便想藉由這本書，分享不同的觀點給遠在地球另一端的你們。以下先來談談三個「台灣適合參考北歐風」的重要原因。

◆ 輕裝潢，讓家可以跟著你一起成長

在台灣，不少人的房子是一買就準備住一輩子，或是在可預見的未來，沒有明確計畫要換屋。於是，這樣近乎於「終身大事」的家，因為深怕出錯，最好交由專家來規劃——這樣的想法非常容易理解。

不過，既然有可能是一輩子的家，就代表你的人生會在這個家中不斷改變與成長。

從規劃、完工，到入住的第一天，都僅是你生命中的一個瞬間。你的家，應該是個可以跟著你一起成長、隨著你的需求不斷調整的家。而北歐居家，最重視的就是此精神——以輕裝潢、能夠隨時移動的家具為主，並且保持空間的高度彈性。

因此，不論入住了一年、三年、十年，北歐人時常有幾乎不用找專人來協助、自己就可以動手DIY的「居家改造計畫」，讓居住空間更貼近當下的生活。

這樣的概念，當然也很適合租屋族。若我們學會家具與家飾品搭配的精髓，有時不用大興土木，空間也能煥然一新——類似的改造故事我在北歐見證過無數次呢！

◆ 以北歐風為基底，首購族也能打造出個人風格

比起北歐人，我們或許沒有那麼長時間待在家。而朋友、家人聚會，也有氣氛良好的餐廳可以選擇，不一定要花心思辦在家裡。

對居家設計與佈置的關注，許多人可能是到了年歲漸長，買下或租下第一間自己的房子時才開始。然而，此時我們自身的居家風格大多還沒成形。

而北歐風格對任何人來說，都能輕鬆上手。

理由在於，北歐居家大量使用了來自大自然的元素，不論是牆壁的顏色、家具的材質、織品的布料，幾乎都可以在大自然中尋覓得到。

也因為如此，北歐風格對多數人來說，在視覺上都很舒服；比起工業風、現代風、美式風，也更容易做出變化。譬如說，你想要將北歐風格混入一點工業風的元素，或許沒有那麼困難；但要把整間都是工業風的居家轉變成北歐風格，就沒那麼簡單了。

簡言之，北歐風格的居家，不但賦予了空間一個舒適的基底，也可以讓首購族或初學者，有機會慢慢摸索喜歡的風格，最後一步步打造出擁有自我風格的家。

◆ 愛惜空間，而非盲目惜物；北歐的「Styling」生活美學，讓儲物也是佈置

我相信，許多人已經漸漸擺脫過去「囤積大量物品」的習慣，在雜物蔓延出來，導致家裡變得雜亂無章時，便開始清理或進行斷

捨離。越來越多人因為「擁有美好舒適的空間」感到滿足，而不再執著於存放海量的物品。

近年來，「斷捨離」這個詞彙廣為人知，而北歐風格又常與「簡約」或「極簡」畫上等號，也因此，有時極簡會被誤認為是「東西越少越好」的意思。其實，北歐風的簡約是指消除掉不美觀、不好看的東西；相反地，對於美好的東西，則是大方展示。

關於家具、家飾品的陳列與擺設，北歐人自有一套稱之為「Styling」的藝術——它不是把物品擺整齊，也不是擺拍，而是讓家裡看起來自然、隨心所欲，卻又美不勝收，並且讓儲物同時也是佈置（這部分我將在第二章分享）。

◆ 從觀念、佈置技巧、各廳室導覽到真實居家案例

不知道大家有沒有想過一件有趣的事情？北歐人在設計自己的家時，他們心裡並不會想著：「嗯！好！我現在要來打造一個北歐風格的家！」

雖然每個家使用的家具、個人風格都不同，但「北歐風格的家」之所以普遍舒適好看，是因為大家對空間有著相似的「觀念與想法」。

因此，這本書第一章，就是分享美好的北歐居家背後，多數人心裡都具備的思維；第二章則是分享我在來到北歐之前，不曾注意過的五個設計與佈置上的實用技巧——它們也是從讓我覺得「怎麼這麼醜」的家，到後來能夠得到挪威媒體認可，過程中我最深刻的幾項體悟。

而在第二章最後，我跟著挪威著名的軟裝師（interior stylist）安德斯‧荷德納（Anders Slettemoen Hodne）工作了一天，見證一間空蕩蕩、毫不吸引人的破舊老公寓，如何在安德斯的巧手下，運用佈置技巧，將之搖身一變成為搶手的夢想之家。

第三章和第四章我則會分享北歐居家裡，從開放區域到私密空間，介紹每個廳室的特色，與背後的人文思考。例如：為什麼常常看不到客廳中的「電視牆」？北歐居家一定要是木質地板嗎？

為什麼幾乎找不到著名北歐玄關的案例？

再來，在各章節末的真實故事裡，我採訪了三位我很欣賞的挪威居家設計與佈置網紅：從愛看書的單身女子、愛開派對的年輕夫妻，到有兩個愛運動小孩的一家四口之家；有小公寓、大坪數住宅，也有獨棟的別墅。

我從採訪他們的過程中，也得到諸多的啓發與靈感，後來甚至被

我運用在自己家中——不是「用什麼材質」或「買什麼家具」的靈感，而是他們決定每項設計之前的想法，以及充滿了個人特色的人文情懷。此外，我也將自己的家收錄在第四章中——以居家設計的新手身分，與大家一起踏上居家佈置之旅。

最後，本書中幾乎所有的專業照片，都是由我很欣賞的挪威專業居家攝影師安妮‧安德森（Anne Andersen）提供，她有長達14年的產業工作經驗，攝影風格真實而自然，捕捉每個居家現場最不添加濾鏡，但又最美好的瞬間。

安妮造訪過上萬個北歐居家，見證了十幾年來北歐居家風格的變遷，看著居家設計的流行潮起潮落——經由採訪她，不僅讓我們更貼近北歐居家的全貌，也為這本書畫下結語。希望大家閱讀後，能對家的設計與佈置，有些新穎且更具有意義的思考。

認識北歐居家的七種思考

北歐風的極簡，體現在「用最剛好的物質，達到最美的畫面」；在於家具線條的精簡，少有過於厚實、拔地而起的厚重沙發坐墊；也體現在生活空間裡，看不見堆放在各處的雜物。

Day 1

別急著買家具
家裡還空著就搬進去的北歐人

在我入住現在北歐的家前夕，差點做出一個恐怖的決定——不誇張地說，若當時這麼做了，想必會讓我們後悔莫及！

故事是這樣的：我們在交屋之前，特別請前屋主讓我們進屋、丈量了各處的尺寸，以便「先買家具」。

30坪的新家有個滿寬敞的客廳。或許是因爲上一個家只有10坪、沙發只能放2人座，我與老公對於新家的大空間感到很興奮，於是我們討論著想要買一個「超長的L型沙發」，以便能在家裡招待眾多的親朋好友。

那時正逢聖誕節前後，許多家具店都有誘人的折扣。其中，有一張沙發，我們已經看了很多次，坐墊舒服、樣式美觀，重點是剛好可以訂製成長達4.4公尺的L型沙發——在平面圖上畫起來，這個長度剛剛好可以在窗邊結束，不顯得突兀。當時我們都覺得自己太聰明、太幸運了！

但，大家知道4.4公尺究竟有多長嗎？KTV最大包廂的沙發，都不一定有那麼長！還記得，我們當時走在要去下訂的路上，滿心歡喜，心裡卻又隱隱約約感覺「好像有些不對勁」。

入住
Day 1

入住
Day 300

©Marika Mørkestøl (IG: marikafoto)

◆ 挪威家具商高層的勸戒：先住進去、再買家具

「先等等，我打個電話給菲利浦，問問他們的意見吧。」我跟老公說。菲利浦是我的好朋友，而他的伴侶松德，是挪威一間家具商的營運長。電話嘟嘟響起，我聽見菲利浦轉述我們「夢想中的超長 L 型沙發」給松德聽。

「4.4 公尺？等等，凱西他們家到底是有幾個人要住啊？」我聽見電話那頭松德驚訝的語氣，都可以想像他目瞪口呆的樣子。

「呃⋯⋯目前就是凱西夫妻倆要住。」菲利浦替我回答。緊接著我聽到一陣聲響，松德氣急敗壞地搶過電話說道：「凱西，我是松德。你們先等等吧！**不要急著買家具，先住進去再說**！」

「你們有想過幫客廳分區域嗎？譬如可以有個躺椅、有個閱讀區等等⋯⋯」

「總之，你們還沒入住，還不知道你們客廳每天的光線變化、哪扇窗下或哪個角落適合做什麼、擺什麼。」

「那個超長L型沙發會讓你們喪失很多彈性，現在就買真的不是個好主意！」松德上氣不接下氣地說。就這樣，松德讓我們停下前往家具店的腳步。

畢竟，連挪威家具商高層都建議你「先別買家具，等入住後再說」了，這話聽來既有道理且份量十足。

後來，這個「**先搬進去、感受新家，才知道自己要什麼**」的觀念，在我談話過的每個挪威人身上印證，幾乎無一例外。

在台灣，許多人在入住新家前夕，就先買好了整間房子的家具，第一天便能夠拍出一系列美麗的新家「定裝照」。

而這樣的照片，在北歐家庭入住第一天通常是拍不出來的，要等到入住一年半載後，「家」的模樣才會漸漸形成。

2020年入住新家的第一天，我們在地上貼紙膠帶，模擬壁掛式美學電視、電視櫃、圓桌與長餐桌的大小。經歷了幾季與新家的相處，細心感受，再增添家具、更換位置，餐廳與電視牆才慢慢成形。有關打造我家的故事，會在〈居家故事5〉與大家分享。

入住
Day 1

入住
Day 28

現在

◆ 先與新家熟稔，再來逐步添購家具

在一些討論裝潢的社團裡，常常出現這類型的詢問：「我們已經要入住了，但餐桌還沒有決定好，非常焦慮！可以請大家幫忙看一下到底買哪張好嗎？」

入住當天，所有家具要100%就定位，彷彿是許多台灣人的理想。相反地，北歐人能夠接受入住當天還是「半成屋」，甚至是空蕩蕩一片的狀態──<u>只要有一點點不確定，就等到入住之後再購入</u>。

因為入住後，你才有機會好好感受房子的呼吸溫度……才知道原來這面牆，冬日午後會迎來橘紅的陽光，所以不適合擺鋼琴、擺電視；只想擺張沙發，一邊窩著一邊讓夕陽浸潤臉龐。原來會想在這扇窗台邊喝咖啡，向外遠眺，所以窗邊適合擺張高腳椅，而不是櫃子或 L 型沙發。

<u>這些細緻的感受，是不論多精密的平面圖都傳遞不了的，一定要等到入住了才能明瞭。</u>

後來，我們在還沒入住前，唯一買的家具只有一張雙人床，確保在搬進當天有床睡，其他東西都是在入住之後慢慢琢磨的。

◆ 「命定感」：家具是值得的等待

「可是凱西，很多家具下訂後還要等兩三個月，如果不先訂的話，真的太久了。」有些人心裡可能會這樣想。其實，為了夢想中的家具等待好幾個月，也是北歐人的常態。例如我的床頭櫃就等了近半年。

「家」的形成，是入住慢慢感受之後，持續打造與調整的過程。
它將會與你一起成長，最終成為你心目中最理想的模樣。

原因是你已入住，更能融入家中，並深入其境的觀察與體會。所以，到底在某個特定角落，想要什麼家具，就已經不是搬進去前「這個好、那個可能也行」，而是近乎**有著「非它不可」這樣強烈的確信感**。

在這樣的感受中所購買的家具，不但看得順眼、用得順手，更有機會陪我們走得更久。雖然會有些不便，但要生活的家可能是一輩子。想想，我們與自己的身體相處了一輩子，買衣服前都需要試穿了……更何況是根本沒見過幾次面，卻要住一輩子的新家呢？

在還沒搬進新家前，就要把全部東西決定好，以及符合一家人生活需求……這還真不是件容易的事呢。有專業人士幫忙規劃好，入住時就全數完整的家固然令人羨慕，如果沒有，也不要著急。先看好一些家具的選擇，住進之後，再好好感受光影遷移、四季風景。同時想想：「我最想在這個角落做什麼？」

這樣隨著房子的呼吸，與你的感受一起慢慢茁壯的，也會是美好的家。

挪威許多家具商也願意出借家具，支付押金後，讓你把一些家具帶回家，通常是當天或隔天歸還——不是「使用」，而是「觀察看看放在家中的感覺」。

或許在你很不確定的時候，在尊重賣方也愛惜家具的前提下，也可以**把家具借回家一天看看感覺**。因為就跟試穿衣服一樣，有時候覺得百搭的衣服，穿起來卻沒那麼好看；而不太確定的衣服，卻可能意外地合適。

留1坪做儲藏室，
讓室內像多出了3坪

我在2018年冬天，離開了新加坡電商的工作，搬來挪威。那年，挪威歷經近幾年來最冷的冬天，我感受到的溫度也瞬間從新加坡的30度，來到挪威的零下15度。

除了氣溫差異之外，北歐居家的其中一個祕密也讓我很驚訝，就是家家戶戶都有儲藏室！所謂的儲藏室，指的可不是收納櫃，而是頂天立地、人可以走進去的獨立收納空間。

這樣的儲藏室，大部分是設在同棟公寓建築中的「地下室或閣樓」——家家戶戶有各自可以鎖起來的儲藏空間；也有另一種儲藏室是附屬在公寓住家裡，通常是一個沒有窗戶的小房間。

更特別的是，「居家需有足夠儲藏空間」可是法律明文規定的。儘管北歐各國法規略有不同，但建築法中幾乎都有提到「儲藏室」。挪威的建築法規歷經幾次變革，根據2017年時的新法，規定50平方公尺（約15坪）以上住家，需要有「額外」5平方公尺（約1.5坪）的儲藏室。小於50平方公尺的居家，則須至少有0.75坪的儲藏空間。

5平方公尺的儲藏室究竟多大呢？可以把它想像成是長2.5公尺、

寬度2公尺、高2公尺以上的空間。大家可以自行在地上比劃一下
——這樣其實已經足以裝下很多東西了。而獨立的儲藏空間，是
北歐簡約空間裡不可或缺的幫手之一。

甚至，在租屋法中，也有明確規定租客應得的儲藏空間。曾經有
位瑞典租屋客，在斯德哥爾摩近郊租了一間35平方公尺（約11
坪）的公寓，因為房東沒把儲藏室給她，而把房東告上法院。

其實不只北歐，許多國家的公寓內都有類似儲藏室的常規設置。
至於原因，似乎就如台灣躲西北雨的「騎樓」一樣，是源於人文
地理因素的產物。由於北歐氣候較為乾燥，閒置的地下室與閣樓
很適合拿來儲物，東西也不易潮濕發霉。再加上四季分明，許多
的冬季用品在夏季用不到。像是家家戶戶可能都有的滑雪用具
等，動輒2公尺以上，又長又重，派不上用場時就不需要一直存
放在室內的櫃子裡。

位於挪威公寓住家內
的步入式儲藏室，可
存放清潔用品或大型
物件等等。

對時常要往返亞洲與歐洲，且熱愛旅遊的我來說，儲藏室還有個美好之處──可以收納數個行李箱。以前在台灣總是要找地方藏行李箱：小行李箱裡塞換季衣服，裝到中的，像俄羅斯娃娃那樣，最後再放到大行李箱中，接著把大行李箱塞進衣櫥裡或床架下。

台灣也有許多換季家電，比如冬天用不著電風扇、夏天用不到電暖器──這些大型電器，如果沒有儲藏室，或許平時也比較難收進櫃子裡。

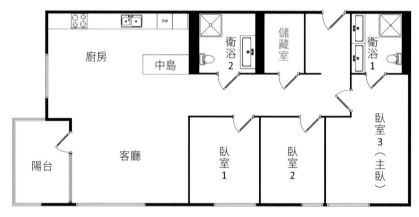

▲公寓內部有附設步入式儲藏室的格局，通常是一個沒有窗戶的房間。

◆ 1坪做儲藏室，為室內騰出3坪空間

要在寸土寸金的房子中，隔出一間房間專門來儲物，聽起來好像很「浪費」。但有了它，需要存放的東西可以更加集中，門關起來，裡面就算放得紮實滿溢，也能夠「眼不見為淨」，不會成為影響心情的雜物亂象，並且釋放出原本打算設計系統櫃的空間

——這麼一來，你就得到了乾淨清爽、充滿無限可能的牆面了。

當然，不是每間房子都有能夠隔出儲藏室的格局。我在臉書社團分享儲藏室的概念時，曾有一位「住過有儲藏室的家、體會過有儲藏室美好」的讀者留言說道：「我買房子都先看格局是否有機會隔出儲藏室，沒有的話就不考慮。」

這樣的想法可能比較少見，但我希望與大家分享的是，「隔出一間可以集中堆放雜物、大一些、人可走進去的密閉式儲藏室，說不定好過於佈滿全家的系統櫃」，確實，清爽的北歐居家空間背後，勢必少不了儲藏室的功勞！

北歐的客廳通常簡約而開闊，少有系統櫃的設置，背後少不了儲藏室的功勞。

值得一提的是，儲藏室的設置不只北歐獨有，其他歐美國家也見得到。

但就算有相近的儲物空間，「極簡而美」的精神在北歐居家中似乎有最深的體現，這是因為多數北歐人對於空間都有著類似的想法：習慣先定義想要的空間，再來想儲物——關於這點，我們將在下一篇分享。

有些公寓在地下室或閣樓有步入式儲藏室，而室內的儲藏室就可以用來收納其他日常用品，例如當作步入式衣櫥或藏酒處等等。

◆ 往外找儲藏室

然而，儘管有了儲藏室，有些家裡依然有不少「必要的東西」，比方說，對於熱愛露營或水上活動的人而言，當儲藏空間不夠時，他們並不會選擇在家裡擺放櫃子、將雜物堆在角落或塞到櫃頂，而是開始「向外」尋找租賃式的儲藏空間。

台灣也有這樣的個人倉庫服務——若有「眞的必要卻收納不下的東西」時，或許租借小倉庫會是個不錯的選項。

此照片為〈居家故事 4〉中挪威媽媽瑪塔的家，她規劃了一個從別墅外部步入的儲藏室，方便存放與取用大型物件與戶外運動用品。

幾乎不談斷捨離與收納
由「空間」而非「儲物」出發

我每天都會關注挪威報章雜誌的「居家生活與佈置」系列文章。話題很多元，從老屋翻新、室內植物、花園佈置、度假木屋、懷舊復古風潮……但看了好幾年，有一種類型的文章幾乎沒見過——就是有關「收納」、「斷捨離」、「告別雜物」——好像這些完全不是需要討論的話題。

在我的臉書粉絲專頁上，時常會有人問：「請問北歐人家裡的雜物都收去哪兒了？」說真的，我起初覺得，北歐人幾乎不為收納所苦，應該是因為大家都有「儲藏室」吧！

後來發現事實並非如此。就算都在北歐，住同棟公寓、有相同的格局和一樣大的儲藏室，很多移民來挪威的亞洲朋友，還是把家裡弄得很有「家鄉味」。

家鄉味沒什麼不好，但這裡指的不但是儲藏室全滿，還有屋子裡都是東西的「壅塞感」。從櫃子上、檯面上，到流理台上，視線所及之處，全是雜物和生活用品。

去亞洲朋友家裡拜訪時，連他們自己都會很不好意思地說：「實在太多東西了……儲藏室裡面都不知道塞了些什麼，而且每年說

要整理也都沒有整理。」

原來就算有了儲藏室，想法不一樣，還是會有收納的困擾啊！

◆「維護空間」與「維護物品」的差異

對許多北歐人來說，首先要維護的就是「簡約的空間」；而對許多家裡凌亂擁擠的人來說，重要的則是「維護物品」。

多數北歐人的思維：眼睛最先看到的是「空間」

「簡約的空間對我來說是最重要的，不可能去犧牲它。」

「因為我在乎的是乾淨開闊的空間，所以放不下的雜物與家

具，就要想辦法賣掉或捐贈出去。我不可能爲此再去多買一個
櫃子來裝它們，或開始堆疊在檯面上。」

有收納與斷捨離困擾的思維：眼睛最先看到的是「物品」

「因爲我有一堆生活備品和雜物，所以收納櫃一定要做滿，才
能把所有東西都塞進去。」

「櫃子已經裝滿了⋯⋯只要買個箱子放到櫃頂，又可以再多裝
一些東西了。」

「尾牙抽到一台電扇⋯⋯雖然不需要，也沒地方擺了，那就先
丟在牆邊角落好了。」

大家可能也有過以下經驗：登機前秤行李如果快要超重了，首先
注意到的一定都是要帶上機的「東西」。此時，你可能會身穿三
件外套、手裡大包小包、塞好塞滿，最後狼狽臃腫地上飛機。因
爲我們眼睛所見的都是無法割捨的東西。

但如果在婚禮或重要場合，最重要的卻是你「看起來的樣子」。
你一定有自己認爲最自信、最好看的穿搭方式，幾乎沒有什麼可
以讓你犧牲或替代，就好像你不可能因爲覺得每條項鍊都很別
緻，乾脆五條全戴上。

家裡的模樣也是同樣的道理。試著把它想得跟自己「在重要場合
時想要呈現的美好狀態」一樣，沒有什麼可以爲此犧牲。**當你把
「空間簡約的模樣」擺第一，「物品」就不會再是你心心念念、
緊抓不放的東西了。**

這也是爲什麼收納與斷捨離，從來不在北歐人關心的議題之內，
也鮮少人在討論「告別雜物」。因爲對他們來說，眞的沒有什麼
祕訣：收得進的東西，就叫做收納；收不進，則想辦法捐贈、賣

掉，或另租儲藏室來放，也不願成堆的雜物破壞了簡約生活的美好——於是，妥善收納與告別雜物，就成了北歐人自然而然的習慣。

◆ 拋下「先收著，以後會用到」的念頭，有些東西留著反而更貴

惜物是美德，但有時也是雜物開始堆積的根源。往往我們不願捨棄物品，不外乎是覺得「處理很麻煩」，或是「先收著，以後可能會用到，畢竟再買還要花錢」。

收得進現有空間當然沒問題，但收不進，反而讓它破壞家裡的美觀，就有點得不償失了。**備品多，聽起來很方便，事實上卻是「每天都在花錢」**。接下來，讓我分享一個故事，大家就可以體會了。

假設有一天，你參加尾牙抽到了一台家裡用不到的電風扇，裝在一個150公分高的紙箱中。你捨不得送人，但又不賣掉，於是先把它堆在客廳牆角。你心想，「先放著，將來家裡電扇壞掉了，就可以派上用場。」

但若我每天來問你：「今天願不願意花一塊錢，讓礙眼的電扇消失在你視線中？」你可能想都不想就會點頭答應。如此一來，這個堆在牆角五年之後終於派上用場的電扇，其實已經花了你1825元的儲物費（365元×5年）。

有些東西，留著反而更貴。堆積如山的倉儲交給店家專門服務，讓我們把家裡留給生活。

你花了大把積蓄買了新家，卻把家裡變成倉庫一樣來儲物，是否反而有些因小失大呢？更別提雜物帶給你心情上的影響了，那是金錢難以估量的。

◆ 一位台灣爸爸與台灣媽媽給我的啟示

書寫至此，我想傳達的是：眼睛所見、心裡所想的，究竟是「維護空間」還是「維護東西」？只要出發點不同，就會造成觀念上的巨大差異。

記得有個台灣爸爸曾經跟我說，雖然他家「很奢侈」，有規劃一個可步入的儲藏室，「但我家東西多到依然需要繼續做系統櫃來收納。」「北歐人可能就是家裡東西少吧。」這是他的結論。

相反地，有個台灣的讀者媽媽跟我說，房價越來越貴，家裡不夠大，雖然她心裡很想，但實在沒空間設計儲藏室。於是她生完第一胎之後，決定把電動吸乳器以二手價格賣掉了，「等到懷下一胎的時候，再來買下一個電動吸乳器就好。」

「儲物之前，應該先設想好是否真的有必要。」「雖然家裡空間小，但我不想四面八方都做櫃子。」「最後在衡量之下，我決定先把一些物品斷捨離，不要堆積太多『以後可能會用到』的備品。」

看著她分享著對新家的滿滿憧憬，讓我更加確信一件事：不論家裡的坪數大小；不論是否有儲藏室；不論心愛的家在世界的哪個角落……北歐風格的簡約空間，從來都不是個「能否達成」的問題，而是一個「選擇」。

雖然坪數小，但不會因此堆滿雜物的北歐客廳。「如果這就是我每天想看到的家，究竟為什麼我要為了儲藏更多東西而去犧牲它？」

北歐人不是不惜物，而是明白若有些東西已擺不下、造成家裡凌亂，這樣留著反而更貴，還不如隨緣賣掉或捐贈出去。北歐的二手買賣平台非常興盛，幾乎舉國都是會員。二手買賣平台也時常暢談促進循環經濟（circular economy）、環境友善的成效。

二手家電或家具，體積較大、價格較貴，建議可以一樣一樣分開賣。而如果是小東西，大家習慣先分類之後再集合到一起，贈送給親友或者用便宜的價格賣掉。

右圖是我搬家時賣掉的燭台們。金色燭台已不適合新家，當然，我也曾經一度想著：「先收起來吧！未來可能還會用到。」──但通常未來不見得會「用到」，而是會「忘掉」！那麼，倒不如現在就賣掉吧。

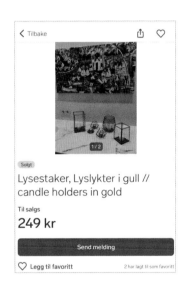

‹ Tilbake

Solgt

Lysestaker, Lyslykter i gull // candle holders in gold

Til salgs
249 kr

Send melding

♡ Legg til favoritt　　2 har lagt til som favoritt

Note! 關於台灣二手買賣社團

在臉書搜尋欄打上：「你的所在地區」與「二手」這兩個關鍵字，就可以找到像是「北投、石牌、士林二手暢貨中心」、「二手家具不浪費」、「二手IKEA傢具交易跳蚤市集」等社團。很多時候，你食之無味、棄之可惜的東西，剛好會是別人眼中的寶貝呢！

4

裝飾品很做作？

為每個角落定調它的主人

前幾年我看到臉書上有朋友搬了新家，家裡裝潢得很美，特別的是，她家客廳沒有茶几。「因為沒有茶几，就不會有放滿雜物的桌面了。」她這麼說。

大家可能都有類似的經歷：椅子放著自己會長出衣服；桌子自己生出一疊報章雜誌等等。接著，再看到北歐家庭的照片：怎麼每個窗台、茶几、餐桌都有「假掰」的佈置？從花瓶、燭台、植栽、擺飾，到精緻的日常用品，運用各種搭配創造出與眾不同的氛圍。

「北歐人的家長得好像樣品屋耶！但現實生活真是這樣嗎？會不會只是好看但不切實際呢？」事實上，我覺得邏輯剛好相反：我們一天的生活都很忙碌，家裡就像在開派對一樣，不一定所有東西都會隨時歸位。而正是因為「定調」了這些美麗的佈置作為「主人」，更能提醒我們，哪些雜物正在「喧賓奪主」，派對結束之後要記得移除。

我在台灣長大的家，茶几也沒有做佈置。被爸媽要求幫忙整理茶几的時候，內心的小劇場常常是：「這份報紙先留著吧。」

「百貨公司周年慶廣告可能之後會用到。」「帳單先放桌上不用收。」等等。

既然桌上都已經放了這些東西,那再放幾本雜誌也不為過吧?最後包括遙控器、零食甚至紙摺的小垃圾袋,都跟著順理成章堆上去了。

但若是一張茶几上,放著透明的玻璃花器,裡頭有一束優雅的鮮花,一旁的木質碗中放著橙橙黃黃的幾顆水果……有了它們,你就知道誰是茶几的「主人」。在一天的派對結束後,生活雜物那些「客人們」總是要散場的。很少看到聚會結束還賴著不走的客人吧?

幫家裡每個喜歡的角落定調它的主人,不要讓雜物喧賓奪主。佈置家裡,除了讓氛圍更好之外,最深的意義,是在幫助我們「一眼就能明確指出,哪個是必須收起來或丟掉的雜物」。這個概念是我這幾年在北歐生活下來,從對於樣品屋的誤解,到現在也享受佈置家裡帶來的好心情,其中最重要的領悟之一。

任何桌面與櫃子上,都可以依據色調或氛圍,考慮適當的搭配與佈置。

◆ 不做作的佈置

佈置不是「擺滿裝飾品」的意思；而是「幫助家裡的角落，呈現出美好的氛圍」。就像你穿了喜歡的衣服之後，會化妝、挑選飾品、戴手錶、提合適的包包來點綴。家裡也不會只有好看的裝潢與家具而已。

我自己最喜歡用來佈置的四樣東西，分別是：植栽、書本、雜誌、燭台，還有最重要的——把日常生活就會用到的東西，直接升級成好看又實用的版本。

比方說，把每天要喝的茶或咖啡，裝到好看的陶罐或鐵盒中，這樣他們就不是醜醜的鋁箔包了，不但可以擺出來，還很自然又美觀，並有「佈置兼儲物」的功能！關於佈置的技巧，以及「怎麼擺設」才好看，我們會在第二章詳細說明。

相反地，會讓你覺得做作的佈置，是在場景中出現「不太合理的東西」。像是在水花四濺的流理台旁硬是擺了一幅畫，或餐桌上放了高聳的花瓶與植物，導致全家人吃飯都看不見彼此的臉。

其實，佈置家裡就跟打點自己一樣。幫房子找到好看又合時宜的穿搭，你跟房子的心情都會好起來！

女生的床頭櫃桌面，很容易自動生出一些化妝保養品，而且一旦開始隨意擺放之後就很難收拾了。「既然桌面空著，那擺罐乳液又有何不可呢？」「都已經放一罐了，那再擺第二罐也沒關係吧。」我們很容易會產生這樣的念頭，導致最後雜物越來越多，反而本末倒置了。

至於很容易堆積雜物的茶几，則可以善用書本來做點綴與佈置。

照片中的幾樣東西，是我床頭櫃的「主人」。做了這樣的簡單佈置後，讓我每天晚上都可以用近乎反射的速度，分辨出誰是雜物、誰是該收起來或丟掉的「過客」。

首先，書不會太高，不會擋住聊天或看電視的視線；再者，它的存在很自然、不尷尬，適合用來展現個人風格與特色。

比方說，我擺放的都是與室內設計與居家佈置相關的精裝書籍──因為它就是我本人最關心的嗜好之一。但如果我擺一本在挪威時常看到的 CHANEL 粉紅色精裝書，那就顯得不夠自然了，因為我連一件 CHANEL 的單品都沒有啊！當然，有客人來訪而你還抽不出身的時候，他們也能自己隨手拿起書來翻閱，這能讓客人更加理解你感興趣的課題，也為空間增添知性的氣息。

有時候，大本、有厚度、書背與封面乾淨有質感的精裝書，比起普通書籍或雜誌，更有「隨意但不隨便」的氛圍。

5

北歐風很擅長減法？
不！是對加法的斟酌

在2021年底，我接受挪威最大新聞媒體《Aftenposten》的採訪，聊一聊我對北歐居家佈置的想法，也分享了兩地的文化差異。

採訪我的記者席妮在北歐居家設計領域耕耘已有數年，最後她問了我一個問題：「妳會怎麼定義北歐風？」我可能被太多類似的問題洗腦，竟然反射性地問席妮說：「只能用一句話嗎？」她忍不住笑出聲，回答我說：「沒有那麼嚴格啦，用幾句話都可以。」「沒關係，我可以用一句話詮釋我覺得北歐風最重要的精神。」我說。

「那就是：極簡，卻充滿了好看的東西。（Minimalistic but full of beautiful things.）」

◆ 加法的斟酌、美觀與便利性的取捨

大家時常會有疑惑：北歐人怎麼東西這麼少？是不是很懂得斷捨離？其實，北歐空間的美好，幾乎都不是經過斷捨離得來的。是打從一開始，想加入任何物品到家中時，都很小心慎重。

與其說北歐人習慣極簡生活，倒不如說他們對空間中的加法有一定的斟酌——每樣擺出來，一眼就看得見的家具、擺飾或家電，就算只是在流理台上多放一台小型烤麵包機，也要細細斟酌、來回考量——究竟這是一台好看、可以擺出來的家電？還是一台不那麼想一直看到，該想辦法收起來的機器？

畢竟任何入眼的東西，都會確實地影響到居住氛圍與心情。

幾乎不可能出現垃圾桶的北歐客廳。反觀台灣的客廳容易出現垃圾桶，是因為客廳通常有個必備品：面紙盒。北歐人則是相對沒有使用面紙的習慣，大多用廚房的餐巾紙取代。

每樣東西在入手之前，記得先設想好要擺在哪個位置。如果是擺在視覺可及之處，那是否美觀？能否與現有物品搭配合宜呢？如果是要收納起來的備品，那家裡真的還有位置嗎？沒有的話，哪些物品可以先賣掉以騰出空間？

而這樣的思考模式，是許多北歐人的集體共識。比方說，北歐人家中的客廳、餐廳、臥室幾乎不會出現垃圾桶。他們的想法是：就算給我全世界最好看的垃圾桶，它也不可能多好看，還「多一樣東西在那邊」。

「家裡又沒有多大，走幾步到廚房或浴室丟垃圾就好了，大家真的想一直看到垃圾桶嗎？」就連在廚房，垃圾桶也幾乎都是藏在洗手槽底下的櫃子裡。

又或者，廚房需要一整排菜刀掛在牆上嗎？能不能將刀具洗完擦乾後，便收到櫃子裡？或是放進好看的刀具收納盒中？

至於浴室，需要擺放一整排彩色塑膠杯嗎？有沒有更好看的容器？還是要收進洗手台下方的收納櫃裡呢？

挪威朋友馬汀森（Åse Marthinsen）家中的廚房日常。此圖是我們在她家附近散步，臨時到那邊借廁所時拍攝的——是最真切、沒有特別收拾過的生活光景。亮晃晃的菜刀已經擦乾收了起來，映入眼簾的都是美觀好看的日用品。

既然選擇了透明的櫥櫃，櫥櫃裡擺放的東西就都該成為視線中的風景，得經歷「加法的斟酌」，而不是隨意堆疊、積累雜物；若是為了盡情儲物，就不建議選擇這樣透明的櫥櫃。

◆「開放式」儲物櫃的意義

加法的斟酌，也體現在「開放式」或「封閉式」的櫃子選擇上。

例如，電視櫃通常會搭配電視盒、電線、遙控器等一些不盡然美觀的物品。因此，許多北歐人在選擇電視櫃時，通常會使用「有櫃門的」，以便把不好看的東西「藏起來」。

其實，有許多朋友選擇「開放式、沒有櫃門」的電視櫃，這沒什麼不對，只是櫃裡卻塞滿了遊戲片、塑膠袋、電線、桌遊、購物袋、廣告紙等等，滿滿雜物盡收眼底。

除了電視櫃，廚房也時常使用開放式的系統櫃，但放置的卻不是

賞心悅目的廚房器皿，而是拆封的泡麵或零食。此時，我們應該要問問自己：選擇開放式櫃子的理由，到底為了什麼呢？

許多人穿衣服，都懂得幫自己「隱惡揚善」——在思考居家佈置的設計時，我們或許也該如此。像是開放式的置物櫃子或層架，無時無刻都會出現在我們的視野中，應該讓它成為生活裡的一道風景，而不只是單純用來儲物；若是需要盡情地儲物，我們就要想想，到底為何要選擇開放式，而不是閉門的儲物櫃呢？為了一時拿取方便，卻讓雜物一整天暴露在視野中，真的值得這麼做嗎？

◆ 對「北歐極簡風」的常見誤解

有些媒體談到北歐的極簡風，時常會展示出這樣的照片——如同樣品屋一般的家，與屈指可數的幾樣家具。然而，這種「家徒四壁」的景象，只會讓人感到冰冷與荒涼，並不是北歐風的極簡。

北歐風的極簡，體現在「用最剛好的物質，達到最美的畫面」；比方說家具線條的精簡，少有過於厚實、拔地而起的厚重沙發坐墊；也體現在生活空間裡，看不見堆放在各處的雜物。

在此，想和大家分享一個有趣的觀察——台灣的 IKEA 與挪威的 IKEA，在網站上對「廚房收納櫃」的行銷標題稍有不同。台灣 IKEA 說的是：「多樣款式及設計廚櫃，能節省煮食時間及提高工作效率。」挪威 IKEA 則是：「打造一個沒有雜物的廚房——運用開放式與附門收納櫃，展示你喜歡的東西、藏起你不喜歡的（像是你的老舊烤麵包機）。」

我們家展示出來、視野範圍所及的東西，不只是為了便利，還要追求賞心悅目。
「盡情地儲物、不考慮美觀」則發生在封閉的櫃門之後。

北歐居家的極簡，事實上很「大方」：對美好而必要的事物從來
不吝惜——像是常擺在邊櫃上的一束鮮花、茶几上的幾本老書，
或牆上一幅精緻的畫。「對不必要、不好看的東西很嚴格，卻願
意投注在美好的東西上」，以及對空間「要簡約、但不簡陋」的
堅持，或許我們可以這樣總結北歐風的極簡精神。

> ＼＼｜／／
> Note! **如何實踐「加法的斟酌」？**
>
> 畢竟我覺得好看的東西，說不定有人會認
> 為很多餘。因此，我建議可以用畫畫來判
> 斷：拿出一張白紙，試著畫出「夢想中的
> 家」，如果是你畫中沒有的東西，不妨考
> 慮它是否該出現在真實的家中。

◆ 不僅是加或減，而是優化空間的日常

我在挪威有個好朋友瑪麗亞，她母親是瑞典人，父親是希臘人，從小在兩地生活過，所以也能理解北歐風與其他地方居家風格的不同之處。

當我跟她說我正在寫這本書時，她有點激動，並且感同身受地說：「凱西！我懂！北歐人對家裡的模樣有近乎痴狂的執著。就算同在歐洲，希臘或南歐對居家的想法也不是這樣子的。」

這種瑪麗亞口中「近乎痴狂的執著」，對於久住一段時間的家庭來說，居家設計已經不再是純粹的加法或減法，而是不停「優化」（optimizing）的過程，使用既有的家具與物品，改變位置與搭配方式，持續隨心情與生活做調整，可以說是北歐家庭的常態呢。

若已經蓋了太多開放式儲物櫃，但仍有不甚美觀的物品需要收納，則可以搭配好看的藤製、木製或厚紙盒。這樣在享受無門的氛圍之餘，也能保有不被雜物侵擾的清爽感。

瑪莉亞家的日常。當天順道
去她家作客，隨手拍下了這
張照片。「我們家腳踏車第
一次停家裡就被妳拍到了。」
瑪麗亞對我說。

6

「輕裝潢」的北歐居家
與百變的空間

「讓空間來適應你的生活，別讓生活去配合空間。」這是我到北歐以後，非常深刻的感受。

每次去親戚或朋友家，幾乎都會發現他們家裡又跟上次造訪時不大一樣了。「無時無刻，家裡都會有些改造與小變動」，他們稱之為 home improvement project。畢竟衣服穿一季都可能想換了，何況是每天生活的地方呢？

小孩大了，客廳家具重新擺，規劃出一個閱讀區。窗邊加一張優雅的高腳椅，突然就有了個小吧檯。許多北歐人十分看重家裡保有這樣的彈性，因而不會把家具「鎖死」。

更甚者，我不只聽過一次挪威人跟我說，不喜歡家裡擺一台直立式的鋼琴——因為它「笨重又難移動，放了之後就很難改變位置。體積太大，顏色太深，會使得整間客廳的焦點都變成鋼琴。」他們如是說。

對於在台灣長大的我來說，鋼琴一旦擺了，就是一輩子不會移動的家具。因此，第一次聽到這樣的想法時，我感到相當不可思議，但這樣的觀點一而再、再而三，在不同人身上得到了印證。

關於鋼琴成爲視覺焦點，我們在第二章會進一步討論。但這正巧說明了：**想要能移動所有家具、保持家裡的彈性，來配合不斷演進的生活**，對於北歐人是多麼重要。

◆ 輕裝潢的關鍵：地板、廚房、浴室

說到北歐人的裝潢，其實更接近「翻新」的概念——首先要處理的，就是占比大、過於老舊，以及會影響心情與生活的部分。

©Veronika Moen (IG: mayveronikamoen)

最優先的，莫過於地板、廚房、浴室。像是汰換掉或處理曝曬太久、顏色過黃、較難搭配家具的地板；翻新從祖母時代留下來的老舊浴室；升級已不符合現代審美或功能的老式廚房。這樣子的翻新，就像是幫家裡「打好基底」。

然而，千萬不要誤會「輕裝潢」就是花很少錢在裝潢上——因為這些必要的翻新也算是裝潢的範疇。事實上，根據挪威新聞媒體《forskining.no》的報導，人口不滿550萬的挪威，每年花費大約3000億台幣在整修自家房子上，且花費最多的地方，正是廚房和浴室。這樣的人均金額名列歐洲前茅。

但在翻新範圍「之外」，與其花大錢做整體裝潢，例如鋪上大理石電視牆，從此電視只能放在同一個位置，而且房子出售時還不知道買家會不會喜歡，大家更想要留給生活更多的空間與彈性。

「保持空間的彈性，讓它可以隨著你的生活持續調整，避免讓生活反過來去配合空間。」是許多北歐人抱有的居家生活態度。留白，是留下與房子一起成長的可能，不一定是浪費。

◆ 一輩子漸進的功課：挪威的「買房階梯」

我在挪威最大的銀行DNB工作，做的是與金融科技公司的策略合作，與銀行很多部門都有聯繫。有次與銀行的理專朋友聊天，談到挪威的房產市場。

挪威的房屋自有率是世界前列，而在挪威社會，很多人都不約而同地踏上相似的「買房階梯」：剛出社會20幾歲時，從一間10

翻新後的北歐廚房（包含玄關、衣櫃等，是少數幾個系統櫃較常出現的地方）。
將多樣電器整合到櫃門後的優雅廚房，往往耗資不斐。

坪左右的小公寓開始買起；有伴侶或同居人之後，共同出資，換到兩或三房、20～30坪的公寓；有小孩之後，許多人喜歡搬到獨棟的房子，有前後院，給予小孩更多活動的空間。

再過幾年，若還有閒置的資金，那就來買一間山中的木屋，成為偶爾可以遠行渡假的落腳處。尤其在孩子還小的時候，週五下午出發，帶著全家前往山中木屋，享受自給自足、定點，卻與城市生活截然不同的週末行程。所以，週五中午過後出城的道路時常擠得水洩不通。

如果還有更多閒錢，除了山中木屋之外，有人甚至會再買一間濱海的「夏季木屋」。等到年老後，照顧別墅的心力不足了，則會再換回公寓。

◆ 把輕裝潢省下的錢，投資在好家具

與亞洲人「一輩子買一兩次房」相比，挪威人一生可能會更換數次房子。既然現在居住的公寓，不是永遠不變的住所，那與其投

資帶不走的裝潢，不如投資帶得走的好家具。

換句話說，**比起裝潢，北歐更注重「軟裝」**。我曾聽過一個比喻：把屋子倒過來搖一搖，會掉下來的東西，就稱作軟裝——北歐房子絕對有一堆東西會掉下來。

與亞洲普遍習慣在裝潢上耗資不斐，以致於買家具時必須精打細算相比，或許這是兩者文化的差異。如果省下翻新以外多做裝潢的幾百萬，突然之間，你可能就有錢投資在真正喜歡又好看的家具上了。

將房子翻新、打好基底，沒有做過多整體裝潢或系統櫃，搬家時幾乎所有東西都可以帶走的北歐客廳與餐廳。像衣帽架旁的「邊櫃」，是很常見的儲物櫃，比起系統櫃來說更方便移動，也為客廳增添了一分優雅的氣質。

7

定義家中的「狀態0」
收起來與藏起來是截然不同的概念

前陣子，我有個在台灣的臉書朋友搬新家，幾個月後，她上傳了家裡的照片。那是個相當舒適、有許多木製家具的家。裝潢的質感也很良好，重點是，空間非常簡約，四處都看不到雜物。

留言處大家都很為她開心：「妳家也太夢幻了吧！」「何時可以去 House Warming Party？」「東西還沒全數搬進來嗎？怎麼那麼乾淨啊？」

「我收了好久才拍照的。」她說，「很多東西都被我推到鏡頭後方了啦！」「合理推測，居家佈置的網紅照片，可能也是拍照前藏了很久才拍的。」她接著寫。

看到這句話，讓我不禁回憶起2021年10月，當時我詢問美國室內設計媒體《Apartment Therapy》的主編，是否對北歐居家有興趣，最後很榮幸得到她的邀請，把我家佈置的故事寫成了「全戶導覽」，刊登在網站上。

美式與北歐風的家，當然還是有許多不同之處。譬如用色上前者普遍比較鮮豔，後者相對含蓄，但我家的文章依然榮幸地得到了不錯的迴響。許多美國讀者表示：「雖然不是我的風格，但我實

在太愛這間公寓了！它讓我感到很平靜。」

除此之外，有一條來自美國的留言吸引了我的注意。那位讀者說：「這像房屋廣告（太乾淨、東西太少），根本不可能有人這樣住。」我看了這條留言覺得很有趣，便截圖傳給了幫我們家拍照的挪威攝影師朋友。

「哈哈哈。」她大笑，「但北歐人就這樣住啊。」她回答。

◆ 收起來 ≠ 藏起來

北歐人家裡也不是24小時都乾乾淨淨、一塵不染的，也總是會有日常活動留下的痕跡。例如切完菜還沒來得及收的砧板、隨手放在沙發上的衣物……一些「未歸位」的日常物品。

而又如有小孩的家庭，如果隨意推開門進去參觀，他們家裡自然也不是無時無刻都整潔簡約。

但當我把該整理的東西都收起來了之後，其實跟被說是「房屋廣告」的照片沒什麼太大差別。因此，我很能體會北歐居家佈置的網紅，並不是在拍照前拚命「藏東西」──只是把該歸位的東西都收好。畢竟，沒必要給大家看脫在地上的襪子，或杯盤狼藉的餐桌，對吧？

而如果一個東西拍照前需要被你「藏起來」，那代表它原本就在那兒、無處可去，而且「不是一道賞心悅目的風景」。此時，我們就應該回到「加法的斟酌」，思考該怎麼處理它──是把它升級成好看的版本呢？還是該騰出一個位子，把它放到櫃門後？

◆ 定義你家的「狀態 0」

我的家有個狀態，一個「當全部物品都在對的位置」的狀態──我稱它為「狀態 0」。而相反地，「狀態 1」則是最混亂、所有東西都未收拾的狀態。

在狀態 0 時，餐桌上只留有我定義的空間主人，以及那些帶給我好心情的佈置：喜歡的水瓶、花朵、香氛蠟燭，而不會有廣告傳單、吃完沒收的餐盤。

換句話說，狀態 0 並不是空空如也的意思，而是家裡的每一樣東西，幾乎都擺在我決定好的位置。不能說分毫不差，但也十分接近了。

狀態 0	狀態 1
• 自己理想中家的模樣	• 家裡堆滿雜物
• 所有東西都在對的位置	• 處於混亂狀態

狀態0也很像家裡的「定裝照」與
美好生活的「骨架」——骨架一
旦調整好了，日常怎麼混亂，家裡
便像上下震盪的橡皮筋一樣，最終
都能回到最平靜美好的狀態。

所以重點是你家的「骨架」——
也就是「狀態0」究竟是什麼模
樣、有沒有被你定義好。

然而，我不是每天都會將家裡恢復
到狀態0。有時候是狀態0.2，例
如筆電還留在桌上，椅子上掛了一
件外套，流理台上則有一些未收拾
的鍋碗瓢盆。

在狀態0與狀態1之間游移，這就
是我們家。在時間與精力許可的
時候，我們會盡力的往狀態0靠攏
——那個沒有雜物，帶給我們好
心情的樣子。

讀到此，大家也可以試著定義你
家的「狀態0」是什麼模樣，仔細
拍照，把它記錄下來。狀態0，它
不是一個隨便、空空蕩蕩的模樣，
也不是一個把東西「藏」起來後的
狀態，它是「你理想的家最好的模
樣」。

接近「狀態1」時，屬於最混亂、許多
東西未收拾的狀態。

「狀態0.5」，有些物品尚未歸位。可
以看到零星散落的碗盤。

「接近狀態0」，相當於理想中美好生
活的「骨架」。東西被收起來，而不是
被藏起來。

以100株植物與1000本書 為主題的家

單身女子伊莉莎白的23坪樓中樓

Info

- 人數：1人。
- 室內實際坪數：23坪。
- 另有地下室儲藏室2坪。
- 1890年代工廠於2005年改裝成公寓。
- 入住時長：3年。
- Instagram帳號：Fabriksen（可掃描上方QR Code）。

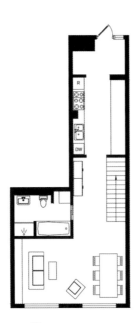

1樓

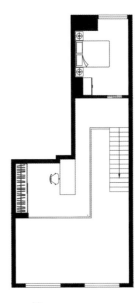
2樓

◆ 做壞了的北歐極簡風；做對了的個人風格

「做壞了的北歐極簡風。（Scandi minimalism done wrong.）」是伊莉莎白（Elisabeth Riksen）為自己的Instagram所寫下的介紹詞。她的帳號「Fabriksen」，是由工廠的英文Factory與她的姓氏Riksen拼湊而成。

伊莉莎白的公寓坐落於挪威首都奧斯陸最活潑奔放與熱鬧的區域之一：葛魯尼洛卡（Grünerløkka）。這間由工廠改建而成的公寓，擁有挑高5公尺的天花板、高架於樓中樓二樓的臥室，與開放型居家辦公室。

除此之外，她家還有著100棵植物，以及令人驚嘆的一整面書牆——牆上收藏了滿滿1000本書！我追蹤了伊莉莎白的Instagram許久，默默閱讀著她的動態、貼文與訪問，總是能在她的字裡行間感受到開朗的個性與生活態度。

有別於書架會做的常見佈置，比方說，將書籍以顏色區分做排列，或是在其中穿插擺飾品，伊莉莎白的書架則與眾不同——她毫不掩飾地將「圖書館的感覺」呈現在家中，「這是一個藏書人的書牆、一個愛書人的家。」每張照片似乎都這麼訴說著。

2021年末，有300多萬追蹤的美國居家設計與佈置媒體《Apartment Therapy》，公布轉發的照片中「年度最多人按讚的照片」——其得主就是伊莉莎白這間擁有美好書牆的家！

我一邊閱讀與欣賞伊莉莎白的照片與文字，同時對她產生了好奇：「打造這樣一個超越地理文化、人人都喜愛的家時，她經歷了什麼樣的心路歷程？」

◆ 與伊莉莎白的初次見面

伊莉莎白與我在聖誕節前，一個灰濛濛的午後約定見面，在門口迎接我的是一個充滿活力的女性。

於玄關脫鞋時，我撇頭悄悄瞄了一眼室內環境，立刻浮出一種感覺：「在 Instagram 上看到的都是真的！」緊接著小巧但機能充足的玄關之後，是寬度可以容納兩個大人通過的走廊，廊道兩側則是開放式廚房。

在走廊盡頭，天花板突然由 2 公尺多升高為 5 公尺，映入眼簾的，是一整面五顏六色、繽紛至極的書牆。在書牆之前，與之對比且襯合的，則是經典而沉穩、帶給人寧靜感的白色系家具。

伊莉莎白長期在音樂產業工作，為挪威與其他國家的音樂家擔任公關與行銷。家裡處處有她職涯中值得紀念的物件，例如與紅髮艾迪、火星人布魯諾、幽浮一族與比費克利羅樂團的回憶。過去這幾年，她將大部分時間投入在協助挪威音樂家的發展，有大大小小令她感到十分欣慰與驕傲的成功案例。她在 Spotify 上有自己的 Playlist，就叫做「Fabriksen」。也因為在音樂產業多年的工作經驗，伊莉莎白曾經擁有過為數驚人的唱片。

伊莉莎白家裡有個標準的北歐公寓玄關：小巧精緻但機能齊全，出門前與進門後的所需，都可以在這個小小的空間內完成。

照片左側的盆栽後，則是一個地板至天花板的系統櫃，用來收納所有冬季用的大衣。

而照片右邊是一面全身鏡，與收納手套、圍巾等物品的白色矮櫃。這個櫃子也可供穿鞋時坐下。櫃子上方訂做了皮製的坐墊，坐墊上方是在紅髮艾迪、火星人布魯諾等人演唱會上的 VIP 通行證。

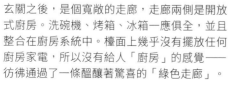

玄關之後，是個寬敞的走廊，走廊兩側是開放式廚房。洗碗機、烤箱、冰箱一應俱全，並且整合在廚房系統中。檯面上幾乎沒有擺放任何廚房家電，所以沒有給人「廚房」的感覺──彷彿通過了一條醞釀著驚喜的「綠色走廊」。

◆ 唱片收藏家的大規模斷捨離

「妳記得妳以前有幾張唱片嗎？譬如說，那些唱片的數量能夠填滿整個書牆？」我好奇地問伊莉莎白。「喔，絕對可以塞得滿滿的！」她目光炯炯地回答。

現在她的家，已經幾乎看不到唱片了。原來，她在搬進現在這個家以前，將成千上萬的唱片分成了三類：第一類是她還想要繼續聽的唱片；第二類則是具有紀念價值或特殊意義的；而第三類是她可以毫無懸念地送人或轉賣的。

如今在書架最底端，其實還有幾箱留下來的唱片們。很難想像她是如何經歷此等規模的「唱片斷捨離」，將原本可以擺滿一整個書牆的唱片，濃縮成書架底端的幾個紙盒。但也因為如此，現在她的家，不必再像以前一樣，被大量的唱片壟斷視覺、占據主題。

「在這個活潑奔放的空間，所有東西都有它們的秩序。」伊莉莎白曾這麼說過。這也在我打開她的櫥櫃拿杯子時得到印證。

◆ 令人嘆為觀止的書牆

設計這面書牆的人不是別人，正是伊莉莎白本人。仔細一瞧，便可以觀察到書牆是由三種不同的「模組」所組成。

「只有我知道自己的書有幾本、尺寸有多大。為了要讓書牆達到最好的效果，每格不需要空太多，於是我自己測量、畫設計圖、

皮沙發與茶几是 IKEA 絕版品，許多家具都是二手購得，並且跟了伊莉莎白數十年。

決定每格書櫃的尺寸與間隔。最後我請到一位在劇場工作的木匠師傅，用二手回收木頭幫我打造出這面書牆，節省了不少錢！」伊莉莎白說。

伊莉莎白在設計書牆的時候，做了一個關鍵的決定，不讓書牆一路往上頂到天花板，而是留下一點「呼吸」的空間。可以看到現在書櫃的頂端，是三幅幾何圖形的畫作。

「我擁有這幾幅畫已經好幾年了，其中一幅是跟弟弟借來的，未來也不打算還他了。」伊莉莎白笑著說。「這幾幅畫帶著強烈的視覺，如果你太靠近看它們，可能會有點頭暈，但書櫃上方的位置卻是恰到好處。」

我第一次看到這個書櫃時，跟多數人一樣，會習慣從視線等高處往上延伸欣賞，在看到最高處時則發現，這幾幅畫簡直是出乎意料的驚喜。我接著問伊莉莎白，她半開玩笑地形容自己的家是「做壞了的北歐風」，但，究竟是哪邊壞了？

「可能是我家比一般北歐家庭要再『滿』一些吧，色彩也更繽紛多樣。」她笑著回答。「但我相信，當我想轉換風格時，我可以把一些書反過來擺，再調整一些小地方 —— 家裡便能瞬間變得『極簡』。」

我相當同意，因為伊莉莎白家中的擺設既自然且真誠。不論是「做重了的極簡風」還是「做輕了的極繁風」—— 這都是深知自身需求的屋主，在兩者之間，所做出讓自己最舒服的選擇。

仔細看由伊莉莎白親自設計的書架內側，其實前後擺了恰好「兩排」的書。因為是自己設計的尺寸，沒有書架間格太高、書本太低產生的「空洞」感。建議藏書人訂製書架時，要親身參與設計。

◆ 所有家飾品都有值得聆聽的故事

你可能會好奇，這些書架上的書，伊莉莎白真的都讀過嗎？答案是：幾乎全都讀過！只有七本她還沒閱讀。

她說這面書牆就像是「一面不斷演進的藝術」；而對我來說，這面書牆，更像是她運用了作家們的智慧，站在巨人的肩膀上，最後打造出自己的作品。

咀嚼這些書後，內化成了她的部分個性與智慧。在與她對話時，我深深感受到，坐在白色沙發上的伊莉莎白與她後方的書牆，不只是人物與背景的關係，而是一個自然而然、合而為一的整體。

除了書之外，幾乎所有我指到的家飾品，都有自己的故事，收關著伊莉莎白過去幾十年人生的回憶與歷程。而不是某天去一間精品店，挑一挑，然後一口氣買回家的。

譬如窗台上這座罕見的木雕龍，是青少年時期存了好久的錢才買下的。
「經過好幾十年，儘管它有很多地方略為破損了，但它像是守護天使一樣，讓我感到很安心。」伊莉莎白微笑著說。

71

伊莉莎白的廚房水槽上方，放了一個木牌：一面寫著「臨時休業」，另一面寫著「定休日」，這是她身為水手的父親，在她小時候從日本帶回的紀念品。

「我好喜歡這個木牌和它文字的意思。」我對伊莉莎白說。「這個木牌擺在進門必經的廚房通道裡，好像在提醒妳：回到家，不論工作有多累，都可以好好休息了。」

除此之外，伊莉莎白雖然搬進來約三年、還算是新家，但所有東西，幾乎沒有一樣是全新的：有些東西陪伴她許多年；有些是她繼承的；有些是親友贈與，或是二手購入的。

「我很高興在我的新家裡，所有我珍藏的『舊』東西，都找到了最適合它們的角落。而且我有個習慣，在買新的東西之前，我一定會先找找看有沒有二手的。」

「我希望我的家，是個『不需要言語』的空間，就算我人不在這裡，你自己進來參觀坐坐，下次就能帶上一個適合擺放在我家的禮物——因爲你也能感受到我的個性與品味。」

◆「個人特色」與「過多私人生活」的界線

在與伊莉莎白的對談中，我能感受到她身爲愛書人與藏書人的生活態度與智慧。

「有些人收藏的不是書，而是其他東西，他們可能也很想在家裡展示出來，妳有什麼建議呢？」我詢問伊莉莎白，「譬如說，妳有50座木雕龍？或者超過100台模型汽車、公仔娃娃？妳會把它們擺滿一整面牆嗎？」

「如果我收集了50座木雕龍，那我一定是個重度的木雕龍愛好者。」伊莉莎白笑說，「我會去找個平台，甚至是會旋轉的平台也沒問題，但只展示一、兩座我最愛的木雕龍，或是隨心所欲地替換它們。」

「如此一來，我作為木雕龍收藏家的身分與興趣，還是能呈現在客廳裡。但我不會把整間客廳都擺滿著龍。其餘的，我會收在非開放空間，也許是臥室或其他地方——那些對我來說看得到，但對客人來說不那麼顯眼的地方。」

「**我覺得展現個人特色，與展現過多私人生活，還是有所不同。**」伊莉莎白看著我，認真地說道。

除了閱讀之外，伊莉莎白的嗜好還有騎馬，她甚至擁有一匹自己的馬兒。因此，她收藏了十幾幅馬兒的照片與畫作，最終決定把它們掛在了臥室正對床的牆上，而不是公共空間中。

在書架對面的牆上，擺放了一套純白的餐桌椅，與一幅「抽象畫」；帶著一點個性，又不至於喧賓奪主。因為畫作尺寸太大了，沒有現成可以匹配的畫框，因此，它是由伊莉莎白自己買木頭 DIY 而成的。

在客廳裡，她擺了一幅看似「抽象畫」的偌大畫作，但那其實是她的攝影作品：她照下了自己馬匹的臉龐之後，將照片拉近拉大，只秀出部分的臉，印到畫布上。

如此一來，這幅畫對伊莉莎白來說依然充滿意義，但又不像放一整張馬臉般，可能會讓某些人感到不舒服，或搶走客廳書牆的視覺焦點。

我們都知道，在中文裡，Living Room 被稱為「客」廳──換句話說，客廳不只是你，而是你大多數的家人朋友也要能感到自在的地方。

伊莉莎白接著說：「另一個分辨究竟是展現個人特色，還是過多私人生活的界線，是問問自己：如果我要跟別人分享這個空間，譬如我要把房子在 Airbnb 上出租，我會覺得沒問題，還是會讓我與客人都感到有些尷尬？」

「舉例來說，若整面牆擺滿了我嬰兒時期的照片，可能對我來說很溫馨，但對一起使用這個空間的人來說，就沒這麼舒服了。而如果你問我，我或許會再把一些小東西收起來，但整體而言，我的客廳是個我很放心與人共享的地方。」

◆ 有些人的公寓是公寓，而有些人的公寓，是家

最讓我深受啟發的，是伊莉莎白從小到大、收集至今的物品，幾乎都在這間新家裡找到了它們的歸屬之處。空間是新的，但「家」是她人生旅程的延續。

邁向樓中樓公寓的二樓,是臥室
與開放式居家辦公室。我很喜歡
從五彩繽紛的世界進入寧靜白色
臥室的感覺。床頭擺了十幾幅伊
莉莎白收藏的馬兒的畫與海報。
床邊是個 20 多年前二手購得的古
董木頭邊櫃。不僅富有歷史感,
對比全新的床、摩登感十足的吊
燈,形成「新與舊的融合」,讓
她的臥室更有個人風格。

購屋時,二樓原本除了臥室之外,還有另一間房間,但是伊莉莎白把牆打掉,做成居家辦公室。身處其中,可以俯瞰整間公寓全景。恣意生長出圍欄的龜背芋,與書牆上垂吊的植物們,都有充滿生命力、不拘謹又破格的隨意與美好。

純白家具,在顏色繽紛的家裡顯得鎮靜人心。新穎書桌下踩的地毯,像是不同年代與地域來的風情——原來那是伊莉莎白從小就擁有的一條地毯。

伊莉莎白的浴室是她覺得最不特別，也最少放在社群網站上的空間。有些設計似乎不符合現行北歐對衛浴的要求：例如不是壁掛式馬桶、磁磚之間的黑色隙縫過於明顯，但仍舊十分溫馨且有特色。從右圖，也可以看到北歐許多公寓裡，洗衣機與烘衣機會設置在浴室中（因為洗衣機放陽台，冬天會結凍）。

丟棄舊的東西、買新的東西——這幾乎誰都能做到。但巧妙地結合自己的過去與現在，需要一點巧思，與一顆惜物的心。

展現個人特色，而非過多的私人生活；將自己的過去與現在美麗地結合；所有家飾品有各自值得懷念與聆聽的故事——這是伊莉莎白的家如此獨特、自然、引人共鳴的原因。

「這棟建築裡，一共有好幾間跟我家一樣格局的樓中樓公寓。但就算都住在同一棟，每道門後還是可能有巨大的不同。有些人的公寓是公寓，而有些人的公寓，是家。」伊莉莎白微笑著說。

Chapter 2

打造不落俗套的家

——五大設計與佈置技巧

比起有條不紊，Styling追求的是「錯落有致」；用家具、家飾品、日常中會出現的物件精心搭配，營造出身在其中，便能感受到生活無限美好的氛圍。

對比的重要性
讓家有溫度，而不是冰冷的家具展場

挪威賣房的過程非常有趣，像是父母在幫孩子相親一樣。

不論是二手的或新房都要打扮得漂漂亮亮，再請專業攝影師來幫房子拍攝「定裝照」——這是個約定俗成的做法，若是照片不夠吸引人，會直接影響看房的人數，甚至是最後的成交價。

2019 年是我第一次在挪威賣房，雖然只有 10 坪大小，但拍攝當天，我們依然認真地打掃，為了呈現出家裡最好的一面。當時的攝影師是位 30 多歲的女生瑞尼塔。她一邊拍照一邊跟我們說：「你們家佈置得滿不錯的，很簡單，但又帶點個性在裡頭。」

我們受寵若驚，瑞尼塔接著說：「有些房子就是請軟裝師來擺一擺東西，所以我都覺得有點無趣。」也是從那時起，我才知道原來不是所有北歐人的家都「足夠上鏡」。當房仲看到差強人意的家，通常會建議屋主找個「軟裝師」（interior stylist）來幫忙陳設與佈置。

「有些軟裝工作室只是隨意擺設，讓人感受不到靈魂。」瑞尼塔向我們解釋。事隔幾年，我才深切體悟到瑞尼塔口中「沒有靈魂的家」究竟是什麼意思，也幾乎可以一眼看出即將出售的公寓，

究竟是屋主本身很有品味，還是軟裝工作室的作品——有時甚至可以辨認出是哪間軟裝工作室的「傑作」。

而瑞尼塔口中沒有靈魂的佈置，標準配備往往是：天鵝絨沙發、天鵝絨抱枕、天鵝絨地毯、現代感十足的花瓶、現代感茶几……而且不管地板與牆壁顏色與格局，擺法幾乎都一樣。

「好像是把同一個家具展場複製貼上到每一個家。」瑞尼塔說。

不盡理想的示範

我 2020 年剛開始佈置新家時，還未能掌握對比的技巧：

- 織品材質缺乏差異。
- 畫面中的「正方形」重複次數太高。
- 全部使用相同年代感的物品，以致於客廳缺乏層次與深度，視線也沒有值得停留的焦點。
- 家具的金屬椅腳，放在視覺上較為寒冷的淺木色地板，這樣「硬碰硬」的感覺，讓人較難感受到這個家的溫暖。

◆ 對比與差異性，讓家有溫度感的重要關鍵

如果把整套家具從同一間店買回家，家裡就能變得既溫馨又好看的話，那麼，應該很多人的家都很美觀又舒適才對。但事實上並非如此。

「挑性質類似的配件」——例如天鵝絨配天鵝絨、現代感配現代感，是多數人都覺得安全的方式。畢竟，怎麼可能在嶄新的家中，放一個斑駁的老舊櫃子呢？又有誰會在完美無瑕的沙發之間，擺一個看得到年輪的柚木茶几？而客廳的單人座椅就找跟沙發同款，這樣一致性最高，也最和諧啊。

不瞞你們說，我一開始也是這樣，大多選用「相似性很高」的擺設——例如材質相近的抱枕與沙發、風格一致的家具等等。結果，卻反而出現了扁平無趣的感覺……直到不斷地觀察與研究之後，才深深明白「對比與差異性」的重要。這個觀念在居家佈置的書籍與節目也不時會被提起。

在瑞典設計師芙烈達・拉姆斯特（Frida Ramstedt）的書《The Interior Design Handbook》中，她甚至坦率地說：「對比是居家設計與佈置成功的關鍵。沒有了對比，整個空間會顯得無趣，感覺一切都在預料之中。」

Netflix居家改造影集《無預算美宅》的設計師主角謝伊・麥吉（Shea McGee），也不只一次在節目中提到：「一個空間要是全部都是同一年代的東西，會顯得很單調。」若細看

謝伊的作品，很常觀察到她在現代感的空間中，放一條懷舊感十足又恰如其分的地毯。

「在新穎中融合懷舊（Mixing old and new）」，更是北歐居家重要的精神之一。

好的示範

這個客廳，是不是讓你馬上想過去坐坐呢？仔細一看，你會發現裡面充滿了各式對比：

- 堅硬材質的茶几與金屬椅腳的單椅，放在毛茸茸的羊毛地毯上。
- 單椅邊地上堆的古書，與牆上不用近看，就能感受到有些歷史的幾幅畫作，讓新穎的空間散發出「故事感」。
- 人工製造痕跡明顯的餐桌，則對比來源於大自然，看起來綠意盎人、生命力無窮的植物與原木餐椅。
- 沙發上抱枕顏色的深淺對比、餐桌、餐椅在材質與顏色上的差異性。

除此之外，在這個小客廳中，還可以找到眾多「質地」，包含亞麻、皮件、金屬、羊毛、木頭、石頭、玻璃、陶瓷等，讓它成為一個有深度的空間。

◆「一天可以買齊的家」與「東挑西選而來的家」

「對比」的另一層意義，其實是「平衡」。你的家具與家飾品，是否因為看上去同質性太高，而不小心失去了平衡？

「家裡的東西，看起來像是一天之內就可以在一間店全部買齊」——這聽起來沒什麼大不了的。只是既然你可以，那麼，鄰居或路人也可以。這樣一來，為什麼這是你的家，而不是鄰居的家呢？這就是同質性高、缺乏對比的家，有時會給人好像在哪裡見過的感覺，以及沒有個性的原因。

當家裡充滿了現代感的家具，或當木頭看起來都是單一材質時，就容易失去「平衡」。

而通常能打動人心、擁有溫度的家，使用的家具或家飾品，往往都乘載著屋主說不完的故事。它們可能是異地旅途中的意外斬獲、繼承家具的改造、古董市集的驚喜、新手夫妻的第一次木工DIY、三顧茅廬才買下的經典單品。

像這樣聽起來「東拼西湊」而成的家，或許不符合直覺，但通常特別有溫度、更能反映屋主的個人品味與風格。然而，「東拼西湊」與「有溫度的家」並無絕對的因果關係。我們可以理解成——會產生這樣東挑西選的過程，是因為屋主時常把自己心愛的家放在心上，因此，不論何時何地，所想的不只有身上使用的東西，還有家裡的模樣。

◆ 實踐對比的兩個思考：差異性與不可預期性

所謂的對比，不是指黑白這樣的相反對照，而是「不那麼理所當

然會出現在這裡」，可以讓畫面更豐富、有深度的「差異性」與「不可預期性」。

如果你仔細觀察自己被一個美好空間吸引的過程，通常是因爲它充滿了層次：這樣的場所，讓你第一眼就覺得印象深刻，而細細欣賞，視線還有許多可以「流轉與停留」的地方，從家具到家飾品，處處充滿著不言而喻的故事——這是扁平、一致性太高的空間難以達成的。

舉例而言，爲了將對比與差異性落實在客廳，可能是抱枕的布料看起來比沙發的布料更立體；茶几比沙發更具歷史感；單椅比沙發更有線條感；同時，在一片人工家具中，保留許多「看得到大自然原型」的物件與擺設。

以下提供兩個創造對比與差異性的步驟。

1. 觀察屋內的質地是否一致性太高

而要實踐「對比」，第一個入門的方法，就是觀察屋子內的家具與擺設，看起來「質地」是否足夠多元。例如：織品與木製家具是否都是同一種材質與顏色？家具與裝潢是否給人出於同個年代的感覺？是否所有家具與家飾品看起來全都「很堅硬或冷冰」？你會發現，令人賞心悅目的家，通常都有多元的質地，包含木頭、金屬、皮件、亞麻、藤製品等等，透過層層疊疊之下，豐富了畫面的深度與耐看性。

2. 透過「閱讀」空間，來平衡家裡帶給你的感受

再來，是在家裡的氛圍不夠理想時，先「閱讀」空間，問問自己：「這個空間給我什麼感覺？」接著，減少帶給你突兀感的飾品，或是增加與之對比並帶來平衡的物件。

舉例來說，若你閱讀空間之後，感覺家裡的氣氛太過拘謹，便要仔細觀察，並自問：「是什麼東西造成畫面的拘謹？」是沙發稜角太明顯且填充得很緊繃，抱枕也看起來塞得很飽滿紮實？還是茶几、花器、電視機屬於方方正正的形狀，加上牆面擺了滿滿直立的書籍，所以整體空間顯得過於嚴肅？

問題的解決方法向來都不只一種。比方說，平衡上述「拘謹嚴肅感」的方式，可能是「加減」或「替代」：增加橢圓形、不規則形狀或不完美的物件；書架上減少直立書的比例，有些書改成橫向或躺著擺放，並在書架上融入裝飾品；花器不變，但其中的植物，改成更浪漫不羈、恣意生長的類型；地板加入地毯或沙發上放置毛毯來柔化空間；把聚酯纖維的抱枕枕心，換成更有生活感且支撐力更好的羽絨內枕等等。

創造「對比與差異性」的提點

色調		
顏色深	vs.	顏色淺
素色	vs.	花紋

實際應用
灰色牆面襯托出美麗的白色系廚櫃
小麥色的抱枕旁有圖騰的抱枕

\ 範例 /

形狀及重量		
高的	vs.	矮的
空的	vs.	滿的
透明	vs.	實心
直線的	vs.	弧形的
厚實感	vs.	輕盈感

實際應用
沙發兩邊有延伸至天花板、隨風飄揚的白紗窗簾
被書櫃與書環繞的空間中央，有張桌面乾淨、沒有擺飾的桌子
透明花瓶旁倚著一個紅陶罐
方正電視上方，隨意爛漫生長的黃金葛
厚重的書桌旁，椅背鏤空的椅子

\ 範例 /

材質		
光滑的	vs.	凹凸不平的
現代感	vs.	懷舊
冰冷的	vs.	溫暖的
人工的	vs.	大自然原型
戶外感	vs.	室內感
彈性的	vs.	固定的
硬的	vs.	軟的
脆弱的	vs.	堅實的

實際應用
大理石地板上，有張毛茸茸的地毯
新穎的沙發後方，牆上略帶斑駁的畫框與富有歷史感的畫作
白色牆上吊著一件蓬鬆的米色浴袍
沙發間放個看得見年輪的原木茶几
清水模牆上掛一幅色彩斑斕的油畫
充滿彈性的模組沙發與可移動的單椅之間，有張穩固而寬廣的大茶几
看起來硬挺的大沙發，上面有針織的毯子與帶有流蘇的抱枕
灰色石製花器中，一點一點的、感覺需要被呵護的滿天星

\ 範例 /

我個人非常喜歡光滑堅硬的大理石配上毛茸茸地毯。大理石與瓷磚地板是台灣許
多人地板材質的首選，有時因為光滑的地板材質，而令人覺得「家裡看起來有點
冰冷」，此時，比起用顏色來改造，更需要的可能是大面積、具溫暖感覺的織品
——除了抱枕與沙發上的蓋毯之外，地毯也是個很好的選擇。有關地毯，在〈3-5〉
章節中會進一步分享。

◆ 如何拿捏剛剛好的對比，不致於變得格格不入？

對比與不可預期性，很多人乍聽之下覺得不易掌握，很怕新加入的對比物件會破壞了原有的和諧感。然而，只要掌握「**體積大小**」與「**對比的強度**」，就不成問題了。

例如：若在「現代感」的家中，硬是掛上一個「超大型」的「斑駁的古董掛鐘」……因為掛鐘的體積大、古老與新穎的對比感強，自然會成為空間的焦點。此時，你就要問自己：這是你想要的效果嗎？

說不定那是個很珍貴的古董壁鐘，你正希望它成為空間的焦點！又或者，你只是想增添不同年代的層次感而已？那麼，這個壁鐘的對比性與體積可能過於龐大了，或許祖父母留下來的老相框、黑白老照片，會是你更好的選擇。

對比與不可預期性，絕對是成就僅屬於你的空間最重要的關鍵之一，並且不會讓人感到「好像在哪裡見過類似的家」。掌握這個觀念與技巧，相信你的家會更有溫度。

> 充滿個人特色的家，每樣家具與家飾品，往往經過主人的思考淬鍊，從過去到現在，自不同的地方精挑細選而來，甚至帶有深厚的意義──像這樣一磚一瓦，逐漸成就一個不言而喻、充滿個性與故事的家。

之前看到台灣家具商說「藤椅是北歐風不可或缺的元素」。

或許更好的說法，是因為一張藤椅便可創造出幾種跟大型沙發的有趣對比：相較於厚重的大沙發，藤椅的網格狀、異材質、輕盈感、線條感、年代感、慵懶隨興感，甚至有點把戶外帶入室內的感覺——回去看P.87各項對比的表格，是不是簡直一人抵十人用呢？如此的不一樣與不可預期性，會讓你家更耐看！

想像圖中若使用的不是藤椅，而是一張「與沙發同款式的灰色單椅」……畫面是不是變得比較無聊了呢？

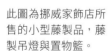

此圖為挪威家飾店所售的小型藤製品，藤製吊燈與置物籃。

在會客區、看電視區的兩個沙發之間，使用一張
輕盈、網狀、慵懶感的藤椅。

其實，藤製品不一定要大到如藤椅，有時只要小小一件，
例如藤製吊燈，就能營造更有深度與層次的空間。

佈置好看角落的祕訣
「聚集」與「降落」的運用

我們家餐廳有個長約 300 公分，但寬度只有 30 公分的長型窗台。它是個讓我困擾許久，不知道該如何佈置的窗台。

起初，我在窄型的窗台上從左到右，按「等距離」擺了七盆植栽，並且全部都用平價、表面反光的白花盆。當我納悶著覺得哪裡不對勁時，我先生也注意到了這個差強人意的窗台擺設。

「會不會是花盆的問題？不然我們去買一些黑色的器皿來交錯放置？」老公向我提議。然而，在黑色花盆來了之後，情況並沒有得到改善。

不盡理想的示範

2020 年我們剛搬進新家時的窗台擺設。其實等距離、像陳列商品一樣一字排開並沒有錯，但它顯得有些刻意與呆板，不大容易呈現出美感。

◆ Styling：一個來北歐之前我幾乎沒接觸過的概念

從小在台灣長大的我，接觸最多的便是台式與日式美學。兩者對於居家佈置有個相似的觀念，好像只要「東西收拾整齊了，就是美」。

廚房等高排列的瓶罐、床頭櫃上的一整排相框、依照顏色收納的食材等等，「整齊」是很多家庭追求的模樣。包括我自己，有時也著迷於「收納整齊」帶來的療癒感。

我並不覺得整齊這件事情有什麼不對，只是某些時候，它不一定能達成我心中嚮往的氛圍與美學畫面。後來，我才知道，在北歐的挪威文、瑞典文、丹麥文中，都有個字叫做「Styling」，跟英文的 Style 或 Styling 相似，是指幫空間「做造型」的意思，也是北歐形容居家佈置所用的字彙——但它又比我們熟悉的「佈置」涵義要再廣一些，原因如下：

- Styling 不太在乎整齊，而更像是「用物品作畫」。

- 比起「有條不紊」，Styling 追求的是「錯落有致」；用家具、家飾品、日常中會出現的物件精心搭配，交錯擺設，營造出身在其中便能感受到生活無限美好的氛圍。

- 是用心、用足心意與巧思，但看起來卻隨心所欲，自然而然呈現出的空間美學。

◆「聚集感」與「降落感」：幫視覺畫重點、讓氛圍能加乘

買完家具之後，如果茶几、櫃子上什麼佈置都沒有，難免會有空蕩蕩的冷清感。若是你家也有這種感覺，可以考慮幫家中的各個角落做佈置（Styling）。

而我們最熟悉的方式，就是「在茶几中央擺上一束花」。

這沒有什麼問題，但有時桌面太大，只擺一束花會很單調，又或是你想追求更多變化與個人特色、創造理想的生活氛圍，以下提供兩個技巧：

1. 聚集感

好看的角落通常不會只有單一物件。設計師或懂得室內佈置的北歐家庭，通常會把至少兩到三個物件「聚集」在一起，這樣更能「加乘傳遞」你想製造的氣氛。單項散落的物件會顯得形單影隻、沒有重點，很像「誰不小心遺留在那裡的」。

比方說，若廚房流理台只擺了一塊直立的木製砧板，看上去略顯單調；但如果在砧板前方，放上一罐裝了橄欖油的透明深綠色玻璃瓶，旁邊再擺上一個黑白大理石相間、研磨胡椒的石臼……忽然之間，一個「懂得生活、注重細節、重視健康」的廚房，就豁然成形了。

2. 降落感

聚集物品之後，有時可以讓它們降落在同一個平面上，例如地毯、托盤、書籍。此時，畫面會出現一種安定、安心，即「我們是共同體」的感覺。

想像一下，當客廳裡所有散落的茶几、沙發、單椅等等都「降落」到地毯上時，這些原本不相干的單品們，突然之間就有了關係，變成一個完整、有主題的區域了。也難怪幾乎所有北歐設計師都是地毯的擁護者。

而「降落」不一定要擺在桌面或地面，例如，廚房中垂直的砧板，能讓擺放在砧板前的瓶罐們「垂直降落」，為視覺創造聚焦與安定的效果。其中，所有聚集的物品，則大多會稍微「重疊、

覆蓋到彼此」，讓彼此之間產生關聯感，且都有明顯的對比差異——有高有矮、有圓形有方形，更顯得條理分明。

我發現，讓我覺得賞心悅目的茶几、窗台、流理台、餐桌的佈置，幾乎都有「聚集感」與「降落感」這兩者的運用。聚集與降落，不但可以為視覺找出焦點，避免眼花撩亂；同時也會讓你想要傳遞的氛圍，能夠從中心向外加乘傳遞。

充滿北歐生活美學的廚房，是個充滿聚集與降落的空間。細看所有的瓶罐器皿，幾乎都被三兩「聚集」，而不是等高、平行或散落擺放。此外，這裡「沒有任何不合理、不該在廚房出現」的物品。仔細一看，幾乎沒有裝飾品，全部都是「把廚房生活用品，升級成自然美觀的物件」，達成「佈置兼儲物」的功能。

桌面較大時，可以運用平行擺放的托盤、書籍、雜誌等，在桌面上創造出不同的「區域」，讓聚集後的物品「降落」在上面。

除了大茶几中間擺一束花，還可以加上聚集與降落的技巧。此外，地毯也讓五樣不同的家具「降落」在上頭，產生關聯感。

◆ 該如何做聚集與降落？

聚集與降落，讓目光在空間裡流轉時，可以更加游刃有餘，輕鬆找到視線落點，而不是在琳瑯滿目的家具與擺設中，使視覺太過疲乏、無所適從。

佈置喜歡的角落，是個有趣的嘗試過程，並沒有所謂對錯，但如果你覺得在做聚集與降落時總是遇到瓶頸，納悶「為什麼不夠好看」的話，在此分享幾個思考的方向。

1. 聚集物品時，運用「對比」技巧

為了視覺上能夠有條理，而不是全部混雜在一起，我們可以運用P.87表格中提到的「對比」手法──例如茶几上聚集的物品，要有高有低、有透明有實心，視覺上才能錯落有致，讓大家一眼就明白你想呈現的主題。

想像一下，若是聚集了三個等高的白色花瓶，映入眼簾的只會是「一團白色」的不明物體，原本想營造的氛圍也會大打折扣。

2. 聚集時，記得數字「三」

賞心悅目的佈置，通常都看起來非常自然。當我們只擺出單一物品時，容易顯得「形單影隻」、過於零散；而成雙成對地擺放，有時又會過於刻意；不過，若是將三樣東西擺在一起，通常可呈現出隨意而自然的氛圍──大家不妨嘗試看看。

3. 聚集時，依照「三角構圖」來擺放

三角形是個穩定的形狀，而穩固帶來的安心感，也經常是家裡所追求的氛圍。建議可以將三樣物品稍微「彼此重疊」，讓它們之間在視覺上產生關聯；接著，按照「前低後高」排列，讓物品外圍形成一個三角形──便會自然成為一個令人感到舒服的擺設。

4. 降落時，想像舞台上有一盞聚光燈

在偌大的舞台中，當一道光線直射下來，在地上形成平面的橢圓光影，觀眾們就知道誰是此時該注目的主角。居家佈置也是如此，當我們聚集物品，某種程度上已能讓目光對焦。這時，若在聚集好的物品下方，加一個托盤、精裝書或雜誌，它們便能在桌面或地面上「橫向延伸」，就像聚光燈在地上的投影效果一樣，會讓聚集的物品更安定，氛圍更立體。

示範在同一張茶几上，是否有運用聚集與降落的技巧，所帶來的差異。左圖顯得茶几上三樣物品是各自散落的，而右圖則較有視覺重點與穩定感。

聚集時使用「對比」的技巧：考量到中心的器皿已經相當厚實圓潤，若旁邊的器皿還是實心的，會使整個畫面變得很擁擠。這裡將「透明與實心的對比」運用得很巧妙。你或許會留意到桌面上有些平行擺放的木盒、雜誌，它們都是可以自然達到「降落」效果、讓畫面安定的素材。

總結來說，「聚集」物件能幫視覺畫出重點，讓想要創造的氛圍得到加乘，讓家飾品錯落有致，而不是散落在整個空間裡；而使用托盤、書籍等平行乘載物，讓聚集後的物件「降落」在上面，是為了讓空間更加穩重、令人感到安心——推薦這兩個技巧你可以單獨或共同使用。

◆ 好的Styling：看起來自然而然，但絕非偶然

所有美不勝收、自然不做作的角落，背後通常都經過了主人或設計師無數次換位、斟酌、調整——我見識過，也親身體會過這樣「擺一擺、看一看、想一想、改一改」的重複嘗試，有時候，光是一個茶几或窗台的佈置就要花費許久時日。

在北歐，Styling是隨著生活習慣、一個人的成長經驗、當下的心情、即將來臨的季節，而不斷調整的一門藝術。就連經歷豐富的軟裝師，都無法一次到位、瞬間手起刀落就能完成。

「看照片擺起來好像很簡單，為什麼我卻創造不出理想中的感覺？」如果你是剛接觸到居家佈置這個領域沒多久的初學者，可能會有這樣的納悶。

然而我相信，每個賞心悅目的角落都不是偶然。它們是多年累積的經驗，以及屋主或創作者擁有不斷挑戰自己、追求美好生活的熱情。

「你必須很努力，才能看起來毫不費力。」或許這正是所有美好佈置的背後，那不為人知的點滴。

2020 年：
我只懂得將白色花器一字排開。

2021 年：
當時我已經明白了聚集、降落、對比的道理，於是，便盡情地運用這些技巧，把植栽擺滿了整個窗台，卻忽略除了聚集之外，空間也要能夠「呼吸與喘息」。

2022 年：
我調整後，使窗台的擺設可以「游刃有餘地呼吸」，並且除了對比之外，我使用的顏色與材質也有「重複呼應」，例如可以在窗台上找到幾抹於不同地方出現的藍色。

3

可以記在心中的黃金比例
「60:30:10」

前面曾經提到，「新穎與懷舊的融合」是北歐居家佈置的潮流之一。然而，我卻始終記得一個「融合得沒那麼出色」的例子：在兩幅鑲金邊的復古畫中間，擺了一幅寬大的現代抽象畫；在一個泛黃的大邊櫃旁，擺了現代感十足的家具。

在那個空間中，正好新穎與懷舊的元素各占一半，反而給人一種尚未決定好設計風格的尷尬感。

◆ 認識黃金比例

就好像我們往往覺得「五五身」不好看，也可以觀察到報紙形狀是一個特殊比例，而不是長寬1:1的正方形。原因在於，雖然每個人的審美不同，但大自然中仍存在著「黃金比例」，是個多數人都會覺得順眼、舒服的比例。

舉例來說，如果報紙是1:1的正方形，容易給人太拘謹、太嚴肅的感覺；但如果報紙的長寬比是1:1.9，又太過狹長了。因此，當長寬比例接近1:1.618時，便是個普遍令人感到舒適的黃金比例。

在這個明亮開闊的空間中,有一半以現代風格為裝修的基底(如嶄新的地板與現代化廚房),另一半則是復古家具與擺飾──這樣新舊各半的比例,容易讓人感到困惑:「空間想表達的重點究竟是什麼?」

◆ 「60:30:10」──
在居家也能自然運用的黃金比例

黃金比例聽起來很難,但實際上,你可能已經在不知不覺中,尤其在做「搭配」時,將它自然地運用在家裡了。

比起1:1.618,「60:30:10」或許是更好應用的數字。所謂的「60:30:10」,是在空間中**有一個60%為主軸的元素,佐以30%為輔、10%為點綴的搭配方式**。在這些比例之外,中性的黑與白則是可以任意搭配的顏色。

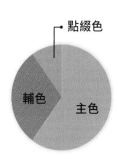

而主軸60%,比起全部空間,其實就是接近1:1.618的黃金比例。

許多人可能會有這樣的疑問，像是：「家裡可以用不同顏色與種類的木頭嗎？」答案幾乎是肯定的。但如果家裡地板是「深色柚木」，而家具清一色使用「刷白橡木」，可能會出現比例各半的柚木與橡木，彼此互搶鋒頭的感覺。

而若在清一色柚木製的家具與地板中，出現唯一的深色櫻桃木茶几，茶几就會變得過於顯眼，反而會產生突兀感。若能運用60:30:10的比例，比方說，以60%刷白橡木為主、搭配30%原色帶黃的橡木，最後佐以10%深色柚木做點綴——便較能達成視覺上的平衡。

在一片新穎明亮的家具中，你是不是第一眼就看到那張顏色特別，又充滿歷史感的老餐椅？在新與舊之間，之所以做出這樣大幅偏離 60:30:10 比例的選擇，通常是因為那張獨樹一格的餐椅對屋主有著特別的意義。

地板與家具都是「同色系木質」的餐廳，儘管它仍然美觀、舒適，但因為 100% 都使用同樣的木頭，而失去了平衡──餐桌處的畫面顏色稍微重了一點，給人難以呼吸與喘息的感覺。

混用不同材質、紋路與顏色木頭的餐廳：讓人覺得空間較有層次。除此之外，屋主接受了房子本身偏黃、偏老的舊地板，讓畫面 60% 以老家具為主，再用些許現代感的家具與家飾品做輔助與點綴。

在新與舊之間，右圖的廚房也掌握了良好的比例：中央有個充滿年代感的深色木餐桌椅組，除此之外，還有些稍具年代感的畫框。

這些「舊」物件，大約占整體的30%──帶出了這個家「有歷史、有故事、有溫度」的感覺，而不是一半新、一半舊，互相衝突，或是升級老廚房時沒做完的感覺。

除了木頭的使用，「當沙發是灰色，牆壁要搭配什麼顏色才好看？」類似的配色問題似乎也很常見。其實，在色彩搭配上，也可以運用這個比例：像是以牆壁的60%淺綠色為主、沙發與擺設的30%大地色系為輔、最後10%用一些溫暖的橙色做點綴。

黃金比例的運用範圍廣大，例如：牆上的畫，若掛在地板與天花板正中央，可能稍嫌欠缺美感；若是掛到太接近天花板或沙發的高度，則會出現不協調感。而跳色的牆，若剛好把空間五五分隔成上下兩層，也容易讓人感到沒那麼舒適。

雖然在實際應用上，我們也不太可能真正去測量每個顏色的面積與體積是否符合黃金比例，但它的真諦在於：**在中分與極端之間，找到另一個舒適的平衡。**

應用了 60:30:10 黃金比例的廚房：顏色 60% 是以淺色木頭為主，
30% 灰綠色牆面與深色木頭為輔，最後用 10% 鮮豔活潑的綠色織品、
電器、植物，與一些出現在織品與畫作中的紅色系，巧妙地點綴與
點亮廚房各角落。

4

空間就像一首歌
談視覺聲音的運用

近年來，經常看到有人在客廳中裝設一盞大吊燈，像極了時髦女郎所穿戴的，一頂有著寬大帽沿的帽子，直徑可達2公尺。我曾經收到讀者朋友寄來家裡的照片，她也想要使用這款設計感十足的吊燈。

「但我害怕會不適合……」她說。「它會成爲妳客廳的一大焦點，要看你喜不喜歡這種感覺。」我回答。

◆ 找到你家的曲風

我喜歡將每個家，比喻成一首歌，一進門就能感受到這個家是什麼曲風。後來才發現，原來我不是第一個這麼想的人。甚至有論文探討在不同文化下，當地音樂與建築的關聯性。

所有家具擺設，其實都會發出自己的「聲音」。或許是在斑斕大膽的油畫處澎湃洶湧，在牆角的小圓盆栽邊又歸於寧靜。視覺上有起承轉合，畫面有強有弱，有鋪陳、有澎湃，共同譜成了一首高潮迭起的優美曲子。

這盞吊燈在這個「日式與北歐風格結合」（Japandi）的空間，像是一首平靜的歌曲，從開始到結束，都有貝斯聲作為襯底——對我而言，它有些搶眼；但或許對其他人來說，正好能達成他們心中所嚮往的曲風。

事實上在北歐，玄關使用色彩繽紛、紋路獨特的花磚地板並不常見，其原因是花磚很容易博人眼球。然而，玄關往往是一個家的「前奏」，用來作為進入主旋律前的鋪陳，若它太過引人注目，反而容易讓空間裡的其他曲調相形失色。

這個廁所對我來說像是一曲鐘琴小品：將瓷磚間隙漆成與瓷磚相近的顏色，讓廁所牆面的整體音量降低，凸顯瓶罐、織品、植栽等鮮豔顏色所發出的玲瓏鐘琴聲。

◆「不重要」的地方，變化要越少越好，降低視覺聲音

不妨試著將居家佈置，想像成在唱歌或演奏音樂。你特別喜歡的東西，可以運用「漸強」的效果，當成空間裡的經典副歌；而不是主要重點的物品，則要讓大家對它的注意力降到最低，以恬淡

的間奏過場即可。

尤其當你出現選擇困難時，更可以嘗試這個方法。**尤其要記得，有「變化」的地方，就會產生視覺聲音，吸引人們的注意力。**

譬如，許多人會在系統櫃門上精心做造型；甚至一個房間裡，相同機能的系統櫃門上，選擇不同的設計或漆上不同的顏色。然而，這樣的色彩或木工變化，會使整個系統櫃的視覺聲音變強，成為空間中渴望被注意到的主角。之所以這麼做，莫過於以下兩個原因：

1. 家中的其他區域較樸實無華。比方說，沒有好看的家具或藝術品，因此，便決定讓系統櫃的視覺聲音特別響亮、獨樹一格，作為空間的主角。

2. 屋主在那幾格特別設計的櫃子裡，擺了相當重要的收藏，並且希望大家都能注意到。

再舉個例子。一面跳色的牆，因為有色彩的變化，比起白牆所發出的「聲音」也要嘹亮得多，我們的視線通常會不自覺地落在顏色變換處。那麼，就要問問自己：「這面牆，是一首曲子中，我想要強調的小節嗎？」說不定你很喜歡這種繽紛感；又或者，你發現家裡有其他更美、更值得「發出聲音」的地方——可能是牆上珍藏的畫作，那麼此時，牆的聲音則越低調越好。

經常有讀者朋友問我：「北歐家庭的牆上好像比較少出現時鐘，為什麼？」

主要是，時鐘上密密麻麻的數字與指針，容易與乾淨牆面形成太過強烈的對比。這樣的對比，會讓時鐘成為一個不容忽視的聲音焦點。面對這個問題，許多北歐人便會思考：「當我舒服地坐在

客廳裡休息時，有沒有需要時時刻刻感受到時鐘所發出的、想要我注意到它的視覺聲音呢？」

「或者，我只想將目光留給牆上珍藏的抽象畫與復古海報？」如果你依然需要時鐘來看時間，也許比起客廳中最顯眼的位置，擺在不那麼醒目的走廊更加合適。

決定空間中誰是重點、誰是配角；誰是前奏、誰是副歌。畢竟一首歌若每個地方都是主旋律，反而會讓聽覺過於疲乏。試著找到你家裡的主題曲，使所有家具與家飾品各司其職，共同演奏出動人的旋律吧。

家裡不太可能擺得下所有你覺得最美的物件，關鍵在於取捨。

若你擁有大片落地窗，隨時可以看到窗外遼闊的美景，
建議讓家裡的擺設與佈置，聲音降到最低，把精采的
旋律留給真正的主角。

5

裝潢與家具該怎麼挑？
居家設計選擇題的作答技巧

我在台灣讀到大學畢業，直到工作一年之後，才出國念碩士。

挑燈夜戰的高中三年，我學到了很多，唯一不變的，是幾乎每天都穿著制服。直到上大學之後，高中制服變成一年一度的「制服日」才派上用場的主題服飾。

然而，當我終於不用再穿制服之後，卻一時之間不知道該穿什麼了。經歷對穿搭沒有思考太多的高中歲月，一夕之間從青少女轉變為成年人，以致於大一時期，甚至有好長一段日子，我依然穿著高中體育課的黑色運動褲配T恤，在大學校園裡到處跑。

後來，也買過不少不適合自己的衣服，燙過不合時宜的髮型，繳過不少「學費」後，才漸漸摸索出什麼樣的衣著打扮，能讓自己感到舒適又有自信。

◆ 沒有誰「缺乏美感」，
　只有「還沒看過足夠的可能」便要做出決定的人

如果穿搭是「打扮自己」，那麼，裝潢、家具與家飾品的搭配，

其實就是在「打扮家裡」。

我們幾乎每天都在練習如何穿搭,所以不用拿著衣服,問朋友「我穿哪個好看」。但我們卻經常會拿著設計師草稿、網路圖片,到處徵詢大家的意見。

其中的原因,或許是在居家設計與佈置上,很多人就像穿了高中三年制服之後,不曉得如何穿搭的那個徬徨的我。比起許多北歐人,從小耳濡目染、看著長輩花許多心思在居家佈置上、觀摩如何讓自己的家裡更加賞心悅目;台灣可能有許多人,是存夠了錢,準備要買人生第一間房時,才初次經歷「如何幫房子穿搭」的挑戰。

但它不像燙壞的頭髮、買錯的衣服,只是些小數目的花費。如果做了不合適的裝潢、買錯了家具,相對比較難彌補。這種害怕後悔的感覺,導致許多人對新家總是興奮卻又充滿焦慮。

◆ 把自己當作「畫家」，
幫助你做出富想像力的選擇

臉書經常會幫我們回顧「某年前的今天」發生了什麼事。看著過往喜歡穿的衣服，相信許多人都會出現「以前怎麼穿這樣」的疑惑。去年喜愛的衣服，今年可能已經不想再穿了。

因此，若要房子的穿搭「一輩子都不隨著生活與品味而改變」，似乎不大合情理。

要讓房子的設計與佈置跟隨你的成長而逐步演進，越陳越香、越有品味，除了要保持〈1-4〉章節裡提到的「彈性」，減少「固定做死」的家具比例之外，我還想提供一個有效的方法。

當你覺得「家裡那個角落似乎少了什麼」、「電視牆好像怪怪的」、「沙發要搭配哪個茶几」或「地板要用哪種木頭顏色」這樣的問題時，與其一股腦地大海撈針尋覓，或到數個社團發問，不如先問問自己：「如果我的家是一幅畫，這裡我會想畫什麼？」

讓我們來做個小練習（先別往下看）：這是一間「小孩房兼書房」，當大型家具都來了之後，牆面與桌面是否讓你覺得有點「空空的、冷冷的」？這個空間給你什麼樣的感覺？換作是你，你會如何畫出接下來的佈置？

大面積的牆壁與地板，有時會顯得過於單調或冰冷。除了用畫、層架與擺飾來佈置之外，加入大片的織品如窗簾、地毯等，也可達到柔化空間的效果。這是本章最後〈獨家訪談 1〉的 Balthazar Interior 軟裝工作室的作品。

原因在於，我們不是每天都鑽研著居家設計的人，沒時間看夠世界上所有好看的沙發、參考所有喜歡的裝潢。與其讓家裡的可能性受限於一個網站、幾間家具店的選擇──化身畫家的你，能更隨心所欲地揮灑創意，讓想像力無限馳騁。

想像自己是畫家，可以思考的問題十分廣泛，比方說：「如果我家客廳是一幅畫，地板用的是柚木……那麼，沙發我會畫什麼顏色呢？有椅腳還是沒有椅腳？椅背我會畫多高？」「這個電視牆看起來怪怪的，卻又說不出哪裡怪。如果我用畫的，會畫成什麼樣子呢？櫃子依舊設計在原位嗎？」

「如果我的餐廳是一幅畫，那吊燈我會畫成什麼樣子？掛在什麼樣的高度？餐桌我會畫圓桌還是長桌？」大至裝潢、中至家具、小至桌面佈置；從色調顏色、形狀高低，到體積大小。當你選擇

困難時，先想像一下自己會「畫」什麼。

與其用「恰好找到的家具或裝飾品」來佈置家裡，不如先用完全不受限的想像力，勾勒出夢想中的雛型，再回頭去尋找相對應的物件。

◆「畫家法」是「攝影師法」的進階思考

許多居家佈置的書籍都曾提到：當不確定自己家裡少了什麼，或煩惱該如何搭配時，先拍一張照片，再透過照片來思考。

這是個很有幫助的方法，然而我發現，拍照之後，如果把那張照片想像成一幅畫，並且把自己想像成「畫家」來自由發揮，似乎更直接、更有效。

例如，我時常觀察到有些掛在牆上的海報，不是被貼得太高、太接近天花板了，就是太低，像卡在沙發上一樣。但如果我對屋主說：「請你試著畫畫看，你覺得這幅海報應該掛在哪個位置呢？」此時，屋主通常都會給出一個不同的答案，更和諧，也更有美感。

「凱西，我的床已經買了，現在有兩個木頭地板，能幫我選顏色嗎？」一天，有個讀者傳了張照片，拿著一深一淺的木頭地板樣本問我。

「妳可以問問自己：如果現在的臥室是一幅畫，妳會把地板畫成什麼顏色呢？」沒過多久，她就回答我：「謝謝妳！我知道正確答案了！」「這沒有正確答案啦！」我連忙跟她說道，「但透過這個方法，我覺得更能幫助妳打造出心目中理想的家。」

事實上，居家設計、裝潢、佈置，對許多人來說可能都是第一次經歷，以致於總感到戰戰兢兢，或者索性全部交給專家來處理。但看久了就會發現，居家佈置，其實可以是你過往所有藝術與創作經驗的結合——而畫畫也是其中一項。

Note!

在此，分享一個掛畫的小技巧（提供大家參考而非絕對）：可將畫的中心點設計在視線等高處，通常是離地大約145公分的位置。

擁抱歲月的痕跡，讓老家具當主角

攝影師卡蜜拉的老宅改造

先前提到「新與舊的融合」，是北歐居家佈置重要的精神之一。各式各樣二手買賣平台、古董店、長輩留下來的舊物件，是為許多人家裡創造「溫度與深度」的關鍵。

來北歐之前，我完全不懂得運用老舊家具或擺飾。「新家不就是要用全新的東西嗎？」這是我當時的心聲。幾年後，我卻會避免設計出一個「全新」的家——這裡的全新，指的是整個家裡從頭到尾都是新穎、現代、完美無瑕，甚至像從同一間家具店搬回來的感覺。

相比之下，一張在祖母家、有歲月痕跡的木頭雕花單椅；或一個從童年時期就擁有的、略為斑駁的鐵盒，都有著相應的時空背景。而這些擁有故事的物品，能讓新家成為我們人生的延續。

我遇過幾個想幫長輩家改造的案例：老屋裡有大量的深色木頭家具，長輩惜物、不願意換新，於是晚輩決定用新穎的桌巾、沙發布、抱枕把所有都家具遮蓋起來，結果反而形成一種「案發現場」、「欲蓋彌彰」的感覺。當然，有些家具舊了需要汰換，

但有些卻像紅酒一樣，越陳越香，只是有時我們只留意到它們的舊，而沒發覺其中的好。若碰到這樣不願全數翻新的老宅改造狀況，與其一味隱藏它的老舊，不如輕巧地改造，接受並擁抱它充滿歷史感的韻味。

讓「懷舊」成為視覺中的60%甚至比例更多，而「新穎」則成為其中的配角或點綴。挪威攝影師卡蜜拉（Camilla Andersen）無與倫比美麗的家，就是這樣的空間。

更多照片可掃描右側QR Code，瀏覽卡蜜拉的Instagram帳號 ▶

卡蜜拉的老家具改造：她在一張富有歷史感的柚木茶几桌上，鋪上一張訂製的大理石磚面。這樣一來，除了降低偏黃、容易顯得「太老」的柚木桌面比例之外，也創造了新舊融合的對比層次感。

將開放式櫃子漆成與牆壁相同的顏色，讓櫃子的視覺聲音更小，以凸顯
櫃子中放置的主角──主人多年來收藏的古董。

來自1700年代的老櫃子，依舊靜靜佇立在客廳的角落。曾經嘗試翻新修復這個斑駁的
櫃子，但中途，卡蜜拉就發覺不用再繼續了，「因為這樣就很美了。」她說。

餐廳則使用視覺上帶有歷史感的物件為主，再佐以較具現代感的畫作和地毯來點綴。廚房流理台下方的櫃子也漆成與牆壁相同的顏色，增加和諧與整體性，並減少櫃子發出的視覺聲音，讓廚房彷彿成為餐廳的一部分。

在這個充滿歷史物件的家，卡蜜拉翻修時，連廚房流理台都大膽挑選了大多數人會覺得老氣的棕色大理石。

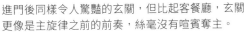

進門後同樣令人驚艷的玄關，但比起客餐廳，玄關更像是主旋律之前的前奏，絲毫沒有喧賓奪主。

書房的牆壁漆上飽和度不高的淡鵝黃色，是我心目中最適
合搭配深色木頭家具的顏色之一，兩者的共融能夠襯托出
老家具古色古香的韻味。

書房的櫃子也漆成與牆壁相同的顏色，降低
櫃子的視覺聲音，讓櫃子上的收藏品更能被
凸顯出來。

跟著首屈一指的軟裝師安德斯工作的一天

我在挪威看房的過程中，會隨手儲存特別喜歡的居家照片，並分析自己為什麼喜歡這樣的空間。直到有一天，我在Instagram上發現一間軟裝工作室——原來，好幾間我「珍藏」的、以為是「品味卓越的屋主自行佈置」的家，其實是出自軟裝師安德斯・荷德納（Anders Slettemoen Hodne）所創立的「巴泰薩軟裝工作室」（Balthazar Interior）的作品。本書中也有許多他設計與佈置的案例成果照片。

所謂的軟裝師（interior stylist），是在不需大興土木或改變格局的情況下，巧妙地運用家具、家飾品，調整牆面、地板、櫃體材質、顏色與位置等等，讓空間煥然一新的職業。

✓ 與安德斯的相識

我激動萬分地打開電腦，寫信給安德斯，描述我是如何喜歡他的風格，更多的是好奇：「你是如何達成如今的居家設計與佈置功力？」很快地，我得到安德斯熱情的回應，但正值疫情期間，我們沒辦法見面。過了幾個月，某日中午12點，我接到了一通電話。

「凱西嗎？我是安德斯。」電話那頭傳來一個陌生男子的聲音。「我要在工作室辦一個派對，邀請工作相關夥伴，有空

中等身材、40歲的
挪威男性，安德斯。

他的「工作室」裡，光
是沙發用的抱枕，就有
上百個。

的話，妳要不要一起來？」

「不好意思我前陣子實在太忙了，一堆郵件跟訊息都沒有回⋯⋯我心裡一直惦記著要回妳信，然後突然想到應該直接邀請妳來參加派對！」

造訪當日，安德斯在工作室大門熱情迎接我，給了我一個大大的擁抱。

「妳來之前，我才跟大家說到，跟妳講電話後我有點尷尬，因為聯絡妳的時間太巧了！好像妳在《Aftenposten》接受的採訪一刊出，妳就突然變成了我的『好友』。」
安德斯一說完我們兩個一起大笑。隨後，我的注意力被他偌大的工作室吸引。因為這不只是工作室，而是一間700平方公尺（約210坪）、樓高4公尺的倉儲室（warehouse）。

「安德斯佈置過的房子，總是能吸引更多人來看房。」許多當晚赴宴的房屋仲介們都這麼對我說。派對豐盛的食物與賞心悅目的擺盤，都是安德斯一個人的傑作——是他用工作室的小型老式廚房完成的。經過安德斯巧手，達成了視覺與味覺的雙重饗宴。

✓ 安德斯的悲傷與創作力量

初識當天有一幕畫面讓我印象深刻⋯⋯派對接近尾聲，客人逐漸離去時，我與安德斯坐在窗邊一張沙發上聊天。

他告訴我，之所以好一陣子沒有收到他的回信，是因為他的親弟弟在挪威

被人用刀攻擊……就在平常不過的一天，接到母親打來的電話……突然之間，安德斯就失去了從小到大最親愛的弟弟。

其實，挪威是個相對平靜、治安良好的國家，因此，聽到這樣事情的我一開始感到相當震驚。我一邊聽一邊安慰著他，眼淚也止不住地流下。

事情發生得太突然，在歷經巨大的傷痛之後，安德斯花了很長一段時間讓自己復原。後來，他把部分的悲傷化做他創作與工作的力量，讓忙碌的生活填補心中那塊隱隱作痛、難以痊癒的缺口。而他經營的巴泰薩也成了奧斯陸首屈一指的居家設計工作室。

✓ 如果能在美好的畫面裡生活，為什麼要將就著過？

安德斯對於生活，幾乎無時無刻都帶著敏銳的洞察。不論是視覺上、味覺上甚至嗅覺上，他都希望能讓周遭的事物，呈現出最賞心悅目的模樣。

比方說，衣服上一個外露的標籤，安德斯會馬上留意到，並且幫你剪掉它。一起漫步在街上時，安德斯會注意到方才擦肩而過的女子，身上傳來從未聞過的香水味。又或者，當行經路邊一棵恣意生長、樹枝彎曲奇特的行道樹，安德斯會比劃著說：「將這段樹枝插在透明玻璃缸中，放在餐桌上一定會非常好看。」

如果跟他在咖啡廳喝下午茶，叫了一些餅乾、麵包、小點心，不經意間，原本桌面上隨意擺放的餐點，就被他調整成了雜誌裡會出現的畫面。

在安德斯父母家中，有一台祖父母流傳下來，演奏用的黑色鋼琴。但是，家中沒有人會彈琴，於是偌大的黑色鋼琴就這樣閒置在空間裡。因此，安德斯一直勸父母把鋼琴賣掉，把空間還給對他們來說，真正有意義又美好的事物。

就如同許多長輩一樣，安德斯父母明明用不到鋼琴，卻又覺得賣掉太可

惜。「如果我父母家裡空間足夠，那當然沒問題。但那台鋼琴是勉強塞進客廳的。」安德斯說。

「有天晚上我喝多了，便隨手拍了張鋼琴的照片，放上Finn.no（挪威二手拍賣平台）。不到20分鐘，就有人開拖車來把鋼琴載走了。」

「什麼？你是用送的嗎？」「對，我直接用送的！」安德斯笑著回我。「我父母起床之後發了好大的脾氣，但後來根本沒有人再懷念那台用不到的鋼琴。」

安德斯就是這樣，對生活中的各種感官上的美近乎執著，是個有著細緻感受的人。

✓ 跟著軟裝師安德斯工作

後來，我詢問安德斯是否能夠讓我跟著他工作，近距離學習如何讓一間公寓「從零到成為美好的家居」──安德斯爽快地一口答應了。

根據安德斯的估計，挪威奧斯陸大約有10%待售屋是請軟裝師佈置的。安德斯的工作室每天都有企劃，有時甚至一天會接到三至四件的佈置個案。

除此之外，因為安德斯長達20年的工作經驗，也有許多人在購買新屋之後，會請他來給予裝修及家具風格上的建議。而若是即將要出售的屋子，通常是先到屋主家勘查狀況，再討論細節。

在某些情況下，屋主早已經搬走了，此時，所有家具，包括沙發或床，就要全數由安德斯提供。如果屋主還沒搬走，則必須討論哪些不合時宜的物品或家具要請屋主先收起來，或交給安德斯代為保管，如此他才能盡情發揮，呈現最好的成果。

其實在台灣，這就是樣品屋的概念。但因為安德斯的佈置非常自然，更像是「有卓越品味的屋主平時生活的模樣」。

我參與佈置的那間公寓約30坪，位於奧斯陸市區最美的街道之一：奧斯卡街（Oscars Gate）。安德斯其實已經做過場勘了，但是為了讓我從頭體驗，他特別在開始之前先帶我去看了公寓。那是一棟1929年建成，近百年的老公寓。

√ 場勘：對公寓的初次印象

「妳看，這間老公寓是不是很迷人！」安德斯像是沉浸在VR實境體驗般陶醉地說道。

這是一間完完全全清空的公寓，沒有留下任何一件家具，也因此，硬體設施與狀態一覽無遺——已經好幾十年沒整修過了。

樸素的松木地板、挑高的天花板、廚房老式的壁爐、斑駁破損的牆角、大理石的水槽……處處充滿歲月的痕跡。唯有牆面是新油漆的。

這是個需要大規模整修才能入住的家，初來乍到的我，實在不知道該如何「下手」。「安德斯，你打算如何佈置這間公寓？」我問他。「這間公寓不是很困難，因為每個空間都被定義好了。」

「客廳在這、餐廳在那兒、主臥室在最後，都有分隔。不像開放式的空間，需要仔細思考如何分隔各區域。」安德斯解釋。「這樣古色古香的空間……像客廳這裡，我想用一張純白的沙發來佈置。」

「白沙發旁，搭配兩張單椅。」我對於空間的想像，就從安德斯描述的一張純白沙發揭開序幕。

左側是入門的玄關，接著由近而遠，分別是客廳、餐廳與最遠漆成藍灰色的主臥室。右圖則與左圖的方向相反，是從主臥室往客廳看——有人站立之處為客廳。

左圖是老舊的廚房與幾處破碎的牆角；右圖則是空蕩的主臥房。

30坪公寓的平面圖。

以上是公寓的格局——行文至此，大家往下繼續閱讀前，可以先透過照片，想像一下換作是自己，會如何擺設家具，佈置這樣的空間呢？

✓ 事前準備工作

場勘之後，我們便回到200坪的工作室做準備。安德斯的風格會受到許多

人喜愛的原因之一，就是他親力親為、毫不馬虎的態度。

每間公寓的狀態及給人的感受都各有差異，有些地方甚至需要隱惡揚善，自然不可能適用於一套公式。與樣品屋給人的刻板印象不同的是，安德斯所使用的都是他多年精挑細選而來的「真實的東西」：真的沙發、真的床、真的植物，就連厚重的精裝書也是真的——不是空殼的擺拍書。

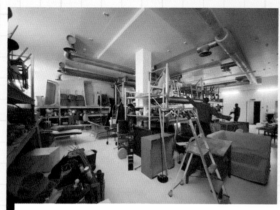

我也跟著忙進忙出，挑了一些廚房要使用的物品，偶爾有幾件被安德斯「退件」。右圖則是後來裝滿家具與物品的貨車。

安德斯準備的過程持續進行了一兩個小時，就像是在他的倉儲裡選購物品一樣：從客廳開始，沙發、單椅、茶几、茶几上的擺設……逐一挑選好之後，再由員工進行打包。

✓ 關於軟裝佈置的10則筆記

❶ 用物品作畫：美感並非天生的，而是素材資料庫與經驗的累積

每每觀察安德斯，看他挑選物件、調整每樣家具與家飾品的位置，就像在欣賞畫家創作一般。

安德斯收藏的家具物品超過千件，他腦中的資料庫也十分豐富。每看到一個角落，他腦海中的素材可能已飛快地閃過一百種選擇，在經過深思熟慮後，拿出其中最適合的家具或家飾品為空間「作畫」。

此外，他也時常光顧二手市集、古董店或家飾店。旅遊時，安德斯總是花更多時間在為「家裡的穿搭」尋覓合適物件。反觀第一次裝修家裡的我們，可能不知道「原來還有這類物品存在」，以及「如何搭配運用」。絞盡腦汁後，只想得到

儘管安德斯有龐大的資料庫與豐富的經驗，他作畫時也跟畫家一樣，會有下筆與修正的過程——光是茶几上的擺設，安德斯就反覆細心調整了將近20分鐘。

在茶几上擺一束鮮花——若要增加腦中資料庫的豐富性，則需要刻意學習、觀察與分析。

❷ 差異性、對比，與不可預期性的重要

如同前述，我也在安德斯的佈置過程中看到大量「差異性與對比」的運用。譬如說，白沙發避免再搭配材質與顏色類似的白色單椅，而是選用了材質、顏色與線條感皆不同的藤椅。至於擺放在桌上的裝飾，也不會出現相似材質、用同樣的高度疊加在一起。

皮件的復古感、亞麻皺皺的生活感、羊毛地毯的蓬鬆感、金屬茶几的工業感、年輪明顯的木頭、單椅的溫潤感、藤椅的度假感、桌上手作陶藝的不完美感、一幅略顯斑駁的掛畫的年代感……不同材質的運用，讓空間變得富有層次，也更加有生活的溫度。

改造後的客廳。除了沙發與藤椅在材質與顏色上的對比之外，柚木茶几也比其他家具顯得更有年代感。茶几上的佈置則是運用了「不同材質、顏色、高矮」等各式對比——讓畫面條理分明，要傳達的氛圍也更加立體。

❸ 重複呼應與平衡的重要

所謂的對比，可不是一味地放滿不同材質的東西。透過「重複性」所創造出的平衡，也是安德斯留意的重點。例如，一眼望去，藤製的單椅在客廳出現過一次，在同一視野中，可能不遠處的玄關也會出現類似材質的物件；牆上畫作的顏色，則會在現實中再次被運用；而廚房檯面上，木碗中

一眼望去的客廳、玄關與廚房，雖有各式各樣對比的運用，但卻也能找到在各房間不斷延續、重複出現的材質或顏色。

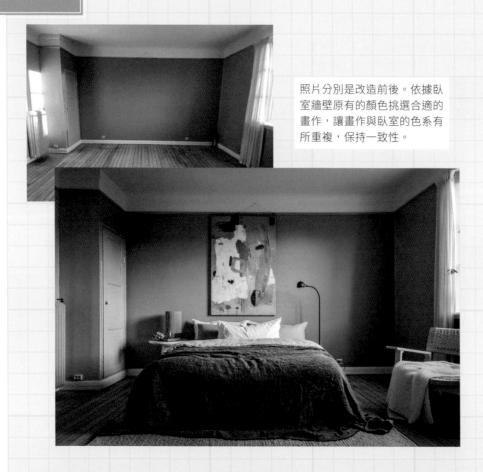

照片分別是改造前後。依據臥室牆壁原有的顏色挑選合適的畫作，讓畫作與臥室的色系有所重複，保持一致性。

梨子的顏色，則與附近的陶罐顏色相呼應。

這樣的重複性，讓對比的物件不會過分突出，而是創造空間的一致性、延續性、和諧與平衡感。

❹ 聚集與降落物品的重要性

許多人對北歐風的常見誤解，是以為極簡就是看上去空蕩蕩的。但凡見過安德斯佈置的美好家居，就能看到最好的反證。不管是茶几或櫃面上，一定會有自然合理的飾品與家用品。東西可多可少，卻總能給人「錯落有致」的感覺。

一眼望去，不僅有無數可以讓視線停留的焦點，每個區域又能表達清楚各自想呈現的生活氛圍，不是純粹堆砌或整排展開，造成「不知道要看哪裡」的混亂——這樣的「錯落有致」，就是「聚集與降落物品」所帶來的視覺饗宴（詳細做法請參考〈2-2〉章節）。

❺ 記得要讓空間能「換氣」

聚集、降落、對比固然是重要的佈置技巧，但如果整個家都是像這樣設計過後的擺設，反而容易「失去喘息空間」。

至於如何讓空間「換氣」？比方說，不要在位於直角兩側的牆面都做櫃子，或者不要讓電視那面牆看過去，是一整排等高的邊櫃相連成線。

佈置前後的對照。比起客廳茶几上的華麗佈置，與臥室的大幅抽象畫主視覺，夾在客廳與臥室中間的餐廳，其餐桌佈置就顯得簡單許多，為空間留下喘息處。

換氣也可以體現在「留白」——例如，有了精心佈置的茶几，沙發旁的小桌子便可以維持乾淨，不要讓客廳每個檯面全是家飾品；若是一間書房已經擺滿了五彩繽紛的書，那麼，書桌椅可以選擇簡約一點的顏色與樣式。「換氣」是一種讓空間擁有美感，但仍舊讓人感到「游刃有餘、不壓迫」的藝術。

經過佈置後的廚房充滿了生活感（改造前照片請見P.132）。窗台的佈置，相對餐桌要簡單許多，白色餐桌椅也造型簡約，這些都是為了讓畫面能夠「換氣」。而所有橫向擺放的物件，如餐桌上的餐盤、廚房檯面上的長麵包、窗台上平擺的書，都有「降落」的功能，讓畫面看起來更安定。

❻ 先清空、再開始！

我幫忙佈置廚房時，在檯面還沒有清空的狀態就開始擺放。安德斯一看到，便走過來對我說：「先清空！讓畫面清爽如同一塊白淨的畫布，再開始佈置。」

這讓我想到，我曾收過很多希望改造家裡的照片。如果原本不喜歡或已不合時宜的家具擺設還留在現場，連經驗豐富的軟裝師都會受到影響。從乾淨的畫面開始，你的想像力更能自由馳騁！

❼ 日常物品就是最美的佈置

雖然沒有人住在裡面，但是經由安德斯佈置後的房子，就像一間真正有人

原本的臥室2沒有留下任何家具。經過佈置後，可以看到書桌上是以日常用品為主，包含雜誌、筆記本、玻璃水瓶等，但每件物品都洋溢著生活美學。

居住的美好住宅。其關鍵，在於對生活美學的用心：幾乎所有擺設，都是自然而然會出現在日常裡的用品，而非只是外表好看的裝飾物。這點在 P.138 的廚房容器與鍋碗瓢盆中最能體現。

你不會看到像某些樣品屋一樣，有著令人匪夷所思、不合常理的擺設，比方說，在水花四濺的流理台後擺一幅畫，在火爐邊放一堆枕頭。

我曾經在廚房窗台放了裝著麵粉的玻璃罐，因為覺得很好看。「凱西，那罐麵粉為什麼會在窗台上？佈置要好看，但也要合情合理。」當時安德斯馬上提醒了我。

❽ 適度放下個人偏好，想像成幫忙朋友裝修與設計

這次的佈置，給了我一個很特別的體驗：當安德斯描述要使用哪張地毯、哪幅畫、哪張桌子時，我很快就能在腦中想像出畫面，並且馬上同意「這樣會很好看」。然而，有趣的是，這些東西可能是我自己家裡不會使用的。

善用有故事的邊櫃與老掛鐘，為空間注入靈魂。其中，「有歷史感的物件」並不一定要老舊，應該理解成「隨著歲月流淌，能與主人一起成長，即使留下使用痕跡也依然美好」的物件。皮件、陶製品、木製品都有類似的特點，但塑膠、絨布等材質就比較難擁有。

「我知道很好看，但我自己家裡可能不會選擇這樣佈置」——這是一個很特別的感受。因為每個人都有特定的喜好，譬如我不喜歡過於老舊的木頭，但這種有復古感的家具，若放在新穎的白沙發前，會變得非常迷人。後來這項體悟，也被我運用在自己的居家佈置裡。

面對自己的家，不妨試著轉換一下思維：「如果這是朋友家，我會給出什麼樣的建議？」這樣一來，也可以避免被自己的喜惡給左右。

這並不是告訴大家「別做自己」，而是當你跳脫出原有的偏好與框架之後，能夠看到更多意想不到的可能。接著，再從那些可能之中，選擇適合你、保有個人特色的設計。

❾ 用「有歷史」、「接近大自然原型」的元素——不完美才是生活，且沒有人會討厭大自然

有些屋子一看就知道是「樣品屋」，乾淨、好看，但有時也會給人冰冷的感覺，那不是真實生活裡會有的面貌；而安德斯佈置的房子，卻像是極有品味的屋主，真正生活其中的家。我後來發現當中還有個原因，是安德斯喜歡使用「貼近大自然原型的物件」。

例如，我剛開始佈置家裡時，認為花器不是重點，裡面的植物才重要，於是一口氣買了很多外觀相似的白花器，但我總覺得它們看起來有些冰冷。「凱西，不要再用這些表面反光的便宜白花器了，你需要有一些更有歷史、具個性的器皿。」安德斯提醒我。

相較之下，安德斯更常選用外觀斑駁，有些不完美卻獨一無二、充滿故事感的手拉坯陶罐；比起看起來有高級感的天鵝絨或緞面材質，安德斯反而喜歡有皺摺的亞麻、蓬鬆的羊毛等「自然系」的織品。

比起完美無瑕的雕飾品，安德斯更偏好海邊撿來的一塊美麗白石頭或珊瑚。除此之外，他永遠只用真實的植物、鮮花，與蔬果。

有些人可能會討厭「為了讓空間顯得高級，而刻意使用高級材質」所做的佈置，但幾乎所有人都能在與大自然為伍的空間裡感到自在舒適。

我並不是要告訴大家，只能用接近大自然原型的家具和家飾，而是有時候，如果你覺得一個空間看起來不夠自然、有些匠氣，那很有可能就是人工感的材質使用得太多了。

⑩ 大地色系為基底，更能讓每日身處其中的家舒適入眼

如果去 Instagram 上看安德斯所佈置的家（可掃描右頁下方QR Code），許多都是由大地色系（earth tone）為基底的家具與家飾品所組成。

大地色系不僅止於卡其色，而是「一年四季中，可以在大自然中找到的顏色，例如泥土的棕、枯葉的褐、木頭的自然色、沙子的灰等等。」安德斯解釋道。

「如果你不確定自己家裡應該出現哪些顏色，或許可以先用上述經常出現在大自然中的色調為基底，尤其是大型家具。比起像是亮紫色的餐椅，大地色系是個相對百看不厭的顏色，也更適合每天的日常生活。」安德斯補充。

✓ 真正的居家設計與佈置職人

後來我又利用下班時間，再度參與並協助了好幾場安德斯設計的居家佈置案。在與安德斯工作的過程中，我見識到了他身為完美主義者，親力親為的創造力與敬業心。

由於他精準的眼光、豐富的經驗與人脈，除了時常被下任屋主問及某樣東西是否能夠賣給他們之外，也有許多人在購買新屋之後，交由安德斯來協助採購家具。

台灣與北歐對佈置的觀念或許稍有不同。在台灣，比較常提倡的是「東西雖多，只要擺整齊了就會好看」——在英文裡則稱作「tidy-up」或者「put things in order」。

然而在北歐，大到客廳家具的搭配，小至「如何擺一個瓶罐、該選什麼材質、高度應該多少、旁邊應該搭配什麼」，都屬於一門被稱為「Styling」的藝術——這是在台灣長大的我，幾乎沒有接觸過的。

安德斯的佈置，也與美國豪宅節目請專人來幫忙擺設家具、家飾品的「Staging」略有不同：不是為了呈現「高檔生活的面貌」，也不是隨便「擺些東西來拍照」而已——儘管每次的創作都會在幾星期房屋售出後歸零，但安德斯總是全力以赴，用他長年的從業閱歷、美學涵養，在嘗試過無數可能之後，為大家示範「在這個空間裡，最美好的日常生活可以是什麼模樣」。

安德斯的軟裝工作室帳號 ▶

Chapter

3

從公共區域開始你的設計藍圖

記得留意身處於「完整空間」的感受——原來刷白的橡木地板，配上皮革沙發，運用在客廳是這種氛圍；帶點暖黃的松木，搭配白色被單，臥室會呈現那樣的氣質。你想要的生活又是什麼樣貌呢？

1

進入主旋律前的前奏
——玄 關——

Point 最不起眼的一角，該著重些什麼？

挪威有個室內設計與居家佈置的金羽毛獎（Gullfjæren Interiør Awards），由業界泰斗們擔任評審，每年會選出13個獎項得主。這13個獎項分別是：年度最美的廚房、浴室、臥室、小孩房、客廳、餐桌佈置、戶外空間、木屋、經典居家、摩登居家、彩色居家、鄉村居家，與年度金羽毛獎得主。

看完獎項，大家是否發現：「玄關」竟然沒有出現？

不太講究風水的北歐，對於玄關的要求在於機能與便利性上。比方說，讓進門後要卸下的物品有個容身之處——哪裡能放鑰匙與剛提回家的購物袋？是否有能坐下穿鞋的座椅？掛放多天厚重的大衣與沾滿雪的雪靴該如何收納？

而富麗堂皇、一進門就讓人驚嘆不已的玄關，一般來說在北歐並不常見。我可以輕鬆回想起無數個令我印象深刻的客廳、餐廳或臥室，卻說不出任何令我驚為天人的玄關。

這棟公寓，清楚地說明了北歐玄關的「輕巧實用性」：進門後穿過玄關，一直走到客廳，視覺聲音隨著曲調漸強。玄關雖然用了實用性高的瓷磚，但不是過於吸睛的花磚。

比起玄關，主人覺得客廳挑高的天花板、充滿靈魂的橡木地板與牆上
的藝術品，才是生活中更迷人的風景。

◆ 玄關是走向精彩前的
　　低調鋪陳

金羽毛獎雖然沒有「最美玄關」這個獎項，卻不代表北歐的玄關設計得很隨便。相反地，因為家裡有更多美好空間值得留意，而使得玄關的記憶點沒那麼高了。

踏入一間北歐居家，由講究機能的玄關，走向客餐廳等主要生活空間，就像一首曲子由淺入深，由呢喃向澎湃，由前奏到副歌——層層遞進，逐漸走至「視覺的高潮」。若你仔細觀察本書〈居家故事〉中的玄關與客廳，就會有相同的感受。

換句話說，玄關的視覺聲音通常特別「輕巧」。既然在各個生活空間費盡了心思，佈置得如此舒適又美好，不妨在進門時，先以內斂沉穩的畫面來拉開序幕吧。

2

給各個空間正確的心情
──牆壁、天花板、窗框──

Point **有所謂的「北歐顏色」嗎？**

以往許多人對北歐風的印象就是白牆、木頭家具、令人稱羨的採光等等。然而近年來，所有牆面都漆成白色的北歐居家越來越稀少了。大家偶爾會使用特定顏色來達到理想的氛圍，以呈現出個人特色。

北歐居家牆面選用的顏色，大多是偏灰階，較不飽和或不鮮豔的顏色。當然，馬卡龍色、螢光色，或者國旗上會出現的明亮色彩，還是會有人選擇，但並不常見。

「我們有時候會希望牆壁帶點顏色以呈現出想要的氛圍，但又不希望牆壁成了主角。」有個從事居家佈置多年的朋友對我說。這或許也與北歐當地生長，並常用於家具的木頭有關：橡木、梣樹、樺木、松木等天然顏色，比起許多熱帶與亞熱帶生長的木頭（如柚木）顏色更淺。

因此，北歐油漆商所出產的油漆，總是給人平淡低調、溫和浪漫的感覺，以搭配木製家具。除此之外，在高緯度的北歐，許多政府法條都規定居家窗戶不能太小，確保有足夠的採光，也因此窗外的景色往往也是家裡重要的畫面。

依我在北緯約60度的挪威首都奧斯陸為例，每年10到11月，窗外的樹葉會全數凋落，一直到隔年的4月或5月大地才會重生。在秋冬之際，尤其下雪時分，眼裡看不到太陽，加上雪地反射的天光，從室內看向窗外，常常是一大片白茫茫、灰濛濛的感覺——如果室內使用過於鮮豔或飽和的顏色，反而容易給人違和感。

相對地，在四季如春的熱帶與亞熱帶，室內往往會有更活潑奔放、更豔麗鮮明的色彩選擇。

挪威居家用品店販售的油漆，以低飽和度的顏色居多。若你喜歡北歐居家的氛圍，但選了太過鮮豔的顏色，家裡的氛圍可能會與你想像中的有所差異。

◆ 如何在各空間中選定適合的顏色？

顏色沒有對錯，只有居住的人們喜歡與否，以及當你身在其中，它能不能幫助你進入「對的心情」。

我家雖然選擇使用白牆，但也曾經為了該不該粉刷牆壁，鑽研了許久。在閱覽過無數北歐家庭，讀過不少專業文章之後，對於想要在家裡各空間嘗試不同顏色的人，我整理了不同區域的色彩運用方向，提供給大家參考。

1. 公共區域（包含客餐、餐廳）

開放式的公共區域可考慮使用讓人心情平靜、不易起波瀾的顏色——通常是淺色系為主。因為客廳之所以為「客」廳，不是只考慮自己，而是讓來作客的多數人感到自在。

2. 較為密閉的空間（包含臥室、浴室、走廊、小孩房）

若有很喜歡、但比較特別或突出的顏色，可以選擇使用在密閉空間中，例如在臥室嘗試深色，或為小孩房設定「主題色」。

有些人會在臥室牆壁嘗試較深的顏色——我有幾個同事也如此效法，他們覺得這樣的「洞穴感」能讓人睡得特別安穩；然而，也有嘗試過的朋友，覺得每天起床都渾身不對勁。儘管每個人對顏色的感受迥異，但深色仍然較少被大面積使用在客廳及餐廳等公共區域中。

3.門板

如果門內藏了不少驚喜，那麼，門板也可以漆成跟密閉空間內相同的顏色。給人的氛圍便會像是：「哇！這扇門的顏色好特別，真好奇門後是什麼。」相反地，如果門後是儲藏室或不太想被注意到的地方，就建議不要在此扇門的顏色大作文章。

4.門框

不只是門板而已，門框也可以考慮漆成與門一樣的顏色──這會讓門在視覺上有放大的效果，並強調門內打開後的精心設計。

除了門使用淡麗的藍綠色之外，門框也漆成同樣的顏色。

5.玄關處

若玄關採用比客廳稍暗一些的顏色做鋪陳，當你從玄關走進客廳時，便會有眼前一亮，柳暗花明又一村的揭開序幕之感。

6.踢腳板、窗框的顏色也同樣重要

當你把牆壁下方的踢腳板或窗框，漆成與牆壁一樣的顏色，因為少了不必要的色彩變化，室內空間會更加和諧；而當牆壁隨著踢腳板的同色系達到延伸效果，天花板也會看起來更高挑。

這就跟當你的褲子、襪子與鞋子都是同色系時，通常腳會看起來比較長一樣。而當鞋襪與褲子不同色，卻是你精心挑選的，則會讓你看起來更有型。

7. 與牆壁顏色對比明顯的深色窗框，不一定是壞事

當窗外有明媚的風景時，如果將窗框漆成深色，就能營造出如同「相框」的效果，框住外頭的風景，讓它成為家中的一幅畫──「借景」的概念就是這麼來的。

相反地，如果窗戶看出去與隔壁緊緊相鄰，或是窗外景色有些不太想看到的東西，我則會建議盡量「讓窗框與牆壁同色系」，以減少窗框的視覺聲音，避免窗外景色吸引過多的注意力。

透過窗戶能看到窗外一抹清新自然的翠綠，因此，將窗框漆成比牆壁更深的綠色，把窗框變成了「畫框」。

8. 天花板

事實上，來北歐之前，我從來沒想過天花板也可以「玩顏色」。當天花板的顏色比牆壁深時，視覺上會將天花板拉低，讓室內呈現出一種隱蔽、溫馨的「洞穴感」——適合用在稍微挑高的地方，或希望得到安心感的空間，比方說臥室，不妨就可以嘗試看看。

天花板與牆壁漆成同樣顏色時，因為少了不同顏色所產生的視覺聲音，空間會顯得更和諧，進一步凸顯出家具或其他藝術品的美好。

除此之外，仔細觀察還可以發現，黃色系是居家牆面比較少見的選擇。因為它容易跟木頭家具撞色，並且沒有那麼好搭配——你只要問問自己，衣櫥裡有幾件黃色衣服，或許就能略知一二了。雖然黃色帶有激發創意與活力的能量，也是便利貼時常使用的顏色，但它或許不太適合放鬆休息的氛圍。

最後，雖然近年來流行為牆壁漆上顏色，但別忘了，白色也是一種顏色。

將天花板漆成與牆壁相同的顏色，兩者少了顏色的變化，空間顯得更和諧，反而能把焦點留給真正的主角。

此空間的天花板與牆壁也是相同色調，但因屋簷處有古老建築特有的雕花，於是屋主便把它漆成其他顏色，來強調當中的細節。如同前一章提到的「有變化的地方，就會產生視覺聲音」——像這樣的顏色差異，便會讓人留意到屋簷的雕花。相對地，如果不想要被注意到、並非重點的地方，就要記得減少變化。

3

創造環境氛圍的基礎
——地板——

Point ▶ **北歐風一定要使用木地板嗎？**

我在挪威銀行的同事費德列克，在接連生了兩個女兒之後，決定從市區公寓，搬到郊區的獨棟別墅。別墅前主人是一對老夫妻，屋況維持得相當不錯，但有些地方已經年久失修，所以仍需要重新整理。

帶著新生兒住進新家，費德列克與太太手忙腳亂，加上已經花了許多積蓄買下這棟別墅，他們只能「先整修最首要的部分」。

而占視覺面積最大的「地板」，是費德列克一家，同時也是許多北歐人通常決定優先處理的地方。

「這是木頭地板嗎？」我看著翻修中的照片問費德列克。「這是超耐磨地板（laminate），看起來像木頭，但是比木頭更耐用，不易磨損，也比較好維護。妳知道，我現在有兩個整天愛把東西拖來拖去的小孩……」費德列克搔搔頭說明道。

在附近工作的另一個同事顏森，也剛搬進新家沒多久，他聽到我們的談話便湊了過來。出乎意料地，顏森的家沿用了前屋主留下

挪威常見的橡木實木地板：每塊
長度偏寬（15~20公分以上）、
偏長，加上顏色適中，不會太深
或太淺；帶一點暖色調，但又沒
有過於泛黃，非常容易搭配家
具。

的「水泥地板」。

「天哪！水泥？冬天踩起來不會很冷嗎？」我跟費德列克幾乎異
口同聲。「會啊，非常冷！所以我們得特別去買拖鞋來穿。」顏
森向我們解釋道。

◆ 有溫度的木頭地板

「想要呈現出北歐風格，是不是一定要用木頭地板呢？」面對這
個問題，其實在一個地區，家庭習慣用什麼地板，是氣候、文
化、歷史與地理等綜合因素下的產物。

這就是為什麼大家所熟悉的北歐風，往往使用木頭地板的原因。
傳統而言在北歐，木材比起其他材質（像大理石等）容易取得；
也因為北歐的氣候，普遍相較於東亞地區乾燥，人口沒那麼密
集，空氣與地板也更為乾淨，連小孩都可以放任他們在地上隨意
爬動，所以許多人都沒有穿拖鞋的習慣——如果去北歐人家作
客，你會看到主人與客人幾乎都是光著腳或踩著襪子四處走動。

因此到了冬天，如果地板是瓷磚或大理石，踩上去便會感到一陣
寒意。而從北緯54度開始一路向北，都有著漫漫的長夜與冷冽
的冬季。木頭天然帶點黃的顏色，不但看起來比瓷磚「暖和」，
在同溫度的房間裡，也因為導熱係數不同，木頭踩起來的觸覺溫
度，通常也比瓷磚高。

感覺溫暖、冬天踩起來又不致於太過冰冷，讓現今北歐人在面對
眾多地板材質時，仍舊以木頭或看起來像木頭的材質為首選。

除了價格偏高、最受歡迎的實木地板之外，更好維護、價格較低
的超耐磨地板、複合實木地板（engineered wood flooring，只有
表面一層是實木）、木紋磚（wood effect porcelain tile）等，也
是許多人的選擇。

◆ 不論什麼風格的家，地板的模樣都是首要的

所以說，北歐風格的家是不是非得要用木頭地板呢？答案是：不一定。一個簡約而美麗的家，地板當然可以有不同的面貌。

然而，如果你收藏的「理想中的家」照片都是以木色地板為主，你卻選用了大理石或白瓷磚這樣光滑反光的表面與偏冷的色調，因為視覺上的暖度不同，家裡最後呈現的氛圍可能也會與你想像中有所落差。

那麼，是否一定要使用木頭呢？事實上，只要「**看起來像木頭**」，不論是木紋磚、複合實木地板，或許都能達成你想要的視覺效果。

before

after

台灣的YouTuber「洛克夫人愛犀利Rock & Ashley」租屋處的改造前後（照片經同意後授權使用）。喜歡居家佈置的Ashley表示：「時間久了就會發現，不管我怎麼佈置家裡，如果還是原來的白色瓷磚地板，根本達不到我理想中的效果。」由此可見，儘管不是實木地板，只要有「木質視覺」，也能呈現出不同的氛圍！（洛克夫人的地板改造影片，可掃描下方QR Code。）

◆ 挑選地板的建議：由大至小

由於地板面積很大，對家具的搭配與居住的心情都影響甚鉅。

有些人能在煙燻深色木頭地板上得到心靈的沉靜，有些人卻覺得這樣的顏色過於沉重，難以呼吸。至於要怎麼挑選適合自己的地板呢？這裡有個小建議：一定要由「大」至「小」挑選。

從「大」開始：留意自己在哪種地板的大環境中最自在。

若沒機會身在其中，至少也要從「完整空間」的照片開始感受——原來刷白的橡木地板，配上皮革沙發，用在客廳是這種氛圍；帶點暖黃的松木，搭配白色被單，臥室會呈現那樣的氣質。

水泥地板，搭配皮革沙發、有些歷史感的木頭家具，與大量綠色植栽的感覺。

沉穩的棕色地板配上淺色牆壁的氛圍。

先決定最大面積、容易影響心情的顏色後,再來思考地板的拼法、木頭的紋路、長寬與材質的選擇。

我時常看到網友拿著幾塊小小的地板樣品,請大家幫忙挑選。這樣「由小樣品猜大格局」,就像是拿著幾塊指甲大小的布料,請大家想像哪個顏色做成衣服穿起來會最好看,這並不容易。

此外,只要「表層是實木」的地板,包含實木地板與複合實木地板,如果老了、舊了、黃了或磨損了,幾乎都能夠打磨掉實木表面,再做相對應處理,便可以得到煥然一新的地板——千萬不要急著全部打掉重練!

圖中人字拼法的淺色木地板，帶點靈魂與個性，又不致於太搶戲。

預算有限時，有些北歐人會直接在老舊或泛黃的地板上，直接塗一層地板漆，這裡選擇的是偏白的油漆。其實，白色就像一面畫布，可以讓家具與家飾品的搭配有更多可能。所以，並不是所有白色瓷磚地板都難以駕馭，也要留意個人的感受——例如，瓷磚表面的反光，是否會讓你覺得缺乏溫度？瓷磚縫隙帶來的視覺聲音，是有型還是喧賓奪主？

預算不夠或坪數較小的情況下，該優先從哪一步開始打造北歐風？

我剛搬來挪威時，與老公住在當時他在市區買的10坪公寓，那時的家裡保留了近百年的松木地板，幾經日曬，早已經泛黃，甚至到了多數人都會考慮「處理一下」的程度。

當時，我與老公一直在討論是否要輕輕削掉地板表層，重新塗上淺色的漆（lacquer）。後來還沒實踐，房子就順利賣掉了。但仲介也轉達我們，看房時最多人討論的，就是這個地板。

而相反地，我看過幾次台灣裝潢社團舉辦「預算不足時，可以先省略不處理的地方」投票，「地板」往往名列前三名。

如果很喜歡新居或原有租屋處的地板，那當然沒問題。但若是覺得地板有任何一點不順眼，卻因為面積太大，會花費過多預算，而選擇不處理它，就有點本末倒置了。正因地板的面積大，不僅是視覺，甚至觸覺上，都與我們的日常息息相關；而且家具入駐之後，地板會變得更加難以處理，也因此，地板是北歐人幾乎都會優先處理的部分。

我在北歐的第一個家，有著百年歷史的松木地板。松木的特色，就是會有顏色較深的「枝節紋路」，是新舊融合的家裡常見的復古元素之一。然而久曬之後，地板上的漆或油容易變黃──這通常是北歐人想要翻新的原因，除了偏黃的顏色容易給人老舊感之外，也不太好搭配家具。

就算是仿木地板，現在也有各式各樣價格親民的選擇。除了如上圖重
新上漆或更換地板，也可進行瓷磚填縫，將深色的瓷磚縫隙盡量處理
成與瓷磚一樣的顏色，避免地板出現「棋盤感」

在無法改造地板時，不妨鋪上一張你喜歡的地毯，也是不錯的方式。

4

影響生活節奏的照明

——燈光——

Point **無主燈的北歐居家生活**

「凱西，能不能把燈調暗一點？」我剛搬來挪威，晚上在家宴客時，很多北歐朋友都跟我說過這句話。我家餐桌上的吊燈，可以調三種不同的亮度，是前屋主留下來的。

然而，即便是選最暗的燈光，還是有許多北歐朋友覺得「太亮了」。導致有時候，我們會開其他地方的燈，餐桌上只用蠟燭的燭光。

◆ 喜歡家裡光源來自四面八方，而不是一盞強光從頭頂照下來的北歐人

回想在台灣，我很習慣每個房間都有一盞「主燈」——只要按一個鍵，整個房間就「燈火通明」。反觀北歐，更多時候是沒有任何一盞主燈的。

雖然現在許多北歐家庭進行翻修時，會選擇安裝崁燈，但幾乎都

是「可調節亮度」的，而且開到最亮的機會也少之又少。

有時會看到充滿設計感的吊燈，但通常是爲了造型的緣故，並非照明的功能。許多客廳甚至沒有吊燈，也沒有崁燈，而是完全依賴壁燈、檯燈、立燈。對此，瑞典設計師芙烈達·拉姆斯特（Frida Ramstedt）提出了「5-7原則」：一個房間有5到7個燈源，甚至可以到9個。

我也習慣了到北歐朋友家作客時，在朦朧的夜晚，沉浸於昏黃、浪漫、像是第一次約會的光線裡。少了從頭頂，如太陽般照向我的主燈，而多了幾盞像月亮與星星般，巧妙散佈在各處的燈。像是符合我當下需求的閱讀燈、壁燈、燭光，往往能讓我更加放鬆。

左圖為夜晚在瑞典朋友家作客的照片；右圖則是拜訪住在挪威的日本朋友。可以看出兩者光源的不同。

北歐住家的光源通常來自四面八方各處，比較少使用到由天花板往下照的吸頂燈，而亞洲地區則相反。這跟歐式餐廳及東亞餐廳的燈光亮度選擇也有些類似，像歐式餐廳偏好使用暗一些的燈光。這並沒有對錯或好壞，而是我們原本認爲理所當然的事情，或許也有著其他可能。

◆ 對於「房間亮度」與「燈源配置」的思考

至於臥室，比起一盞能點亮整個房間的主燈或崁燈，我與老公更在乎的，反而是床頭燈是否能夠調角度、調明暗，這樣一來，當夜幕降臨，我們需要睡前閱讀或閒聊時，燈光便能隨著一天的生活進入尾聲而漸漸調暗。

廚房有一盞明亮的主燈固然很好，但更需要注意的是，烹飪的電磁爐上方，與切菜的流理台，是否有能夠讓人看清食材顏色的偏白燈源。當然，如果你家裡有小孩，而且習慣在客廳做功課，那麼，或許你的客廳還是需要一盞透亮的主燈。

寫至此，我並非要推廣「家裡無主燈」的概念，而是想提供大家思考：是否每個房間天花板，都需要一盞照亮整個空間的主燈？有時候，比起頭頂上的強光，來自四面八方的檯燈、立燈、吊燈所發出的溫和光源，更能舒緩你一整天下來緊張的情緒。

「燈無法調節明暗，就像音響只有一種固定的音量。」北歐燈具設計師阿薩・費耶斯塔德（Åsa Fjellstad）曾這麼說。有主燈固然方便，但能「讓每個活動與心情都有一盞對應的燈」，才是最重要的。

同一間天花板沒有主燈的房子，白天與夜晚的對比。

天花板裝設了軌道燈，而不是「主燈」。另外，燭光雖然沒有顯著的照明作用，卻是北歐夜晚中重要的「情境光源」，幾乎全年都會使用到。特別是冬天的晚上，看到一點一點、正在燃燒中的真實火光，身心想必會跟著溫暖起來。

「北歐居家的採光真好，好羨慕！」時常聽讀者這樣說。其實，這樣良好的採光，是因為位於高緯度的北歐，太陽與地面的入射角較小而構成的。

位於北迴歸線上的台灣，太陽一年到頭幾乎都在人們的「頭頂」徘徊；而北歐高緯度的陽光，則經常是在「眼前」照著你，因此在北歐，只要太陽一出現，往往相當刺眼，需要戴太陽眼鏡；就算在家裡，也好像太陽站在窗外般，如一盞探照燈直直照射進來。難怪許多人對北歐居家的印象，常常是「陽光灑進來」的感覺。

由於太陽斜照的關係，為了確保家家戶戶都有明亮的採光，因此，北歐對「屋距」的要求往往也較大。再加上緯度高、生物多樣性低，夏天雖然還是有些蚊蟲，但稀少到人們幾乎不需要安裝紗窗，這也讓光線少了一層屏蔽。但是相對地，北歐冬季每天的日照時間非常短暫，導致許多人都得額外補充維他命 D。而在台灣，儘管窗戶開得再大，因為太陽入射角不同，比較難有相同的採光效果。

以上這些差異，也很巧妙地反映在兩地建築法規上的不同：挪威的建築

從陽光掠過大型植栽、在牆上形成的樹影，可以看出在北歐的白天，陽光幾乎像是「站在窗外直直照進來」的。

法規，為了確保日照短暫的漫長冬季有充足的採光，規定窗台不能做得太高——窗台不得高過1公尺，避免讓窗戶變得太小、採光不足。

而高樓大廈林立的台灣，為了安全起見，則規定窗台不能設得太矮——10層樓以下，窗台不可以低於1.1公尺；而10層樓以上，更不能低於1.2公尺。事實上，位於熱帶地區，窗戶多開10公分或少10公分，不太影響陽光直射進家裡的面積，但在北歐情況就大不相同了。

綜合上述原因，北歐居家雖然採光普遍良好，卻不是其他緯度地區可以複製出來的。這也是為什麼本書的重點不在於「用這個材質、買那個家具，就可以達成北歐風」。因為氣候、光照、濕度，甚至每個人的需求都不同，與其盲目地模仿，我更希望分享北歐居家背後的成因與思維，讓大家可以因地制宜加以參考，並建立屬於自己的觀點與想法。

5

拉近人際距離的空間
——客廳——

Point 1 電視牆的模樣：北歐 vs. 亞洲大不同

「台灣與北歐當地的『北歐風格』，兩者有沒有什麼不同？」如果拿著照片問北歐人，很多人會立刻發現，兩者對「電視牆」的想法有顯著的差異。

東亞許多國家，習慣把電視牆設計成客廳的「焦點」。比方說，如同博物館在展覽名畫一般，把電視「展示」在昂貴又吸睛的大理石牆上；而北歐則是想盡辦法，把電視的存在感降到最低。

過於著墨電視後方的牆面，以聚焦大家的目光在電視牆，北歐居家裡幾乎不會發生。挪威軟裝師安德斯，看到我用中文搜尋「北歐風客廳」的結果後，有點疑惑地說：「台灣客廳好像把電視當成生活的重心：一進門就會看到電視。窗外或陽台外明明有風景，但沙發卻永遠面對著電視。」

「有點像是把電視當成一個小神明，供奉在客廳的感覺。」安德斯繼續說道。後來我向安德斯解釋，東亞的客廳設計，反映了當地的生活型態，例如外食機會多，回家的時間普遍比北歐人要晚，所以返家後，經常窩在客廳看電視，讓睡前的自己放鬆。也

正因如此，電視才會擺在這麼顯眼的位置。

相較於台灣的客廳，由於位處高緯度，北歐的客廳基本上不需要冷氣、電扇、捕蚊燈等家電。因此，電視幾乎是客廳唯一的家電。

與極簡線條的沙發、藝術感十足的掛畫、鬱鬱蔥蔥的綠色植栽相比，烏黑長形的電視並不是特別美觀。

©Scott Kvitberg (IG: scottkvitberg.no)

許多台灣居家的格局，進門後有兩道面對面、直通陽台的長牆，容易令人陷入「不做電視牆的話，怕牆上會太空」的思維。然而，這個北歐家庭做了很好的示範：不做電視牆的同時，在牆上擺了「比電視面積更大」的珍藏藝術品掛畫，來降低電視的存在感。

北歐人傾向將電視放在「一進門看不到的牆上」。歡迎你回家、首先映入眼簾的是溫暖舒適的沙發區，而不是電視。電視牆上不做滿，其實是將空間留給更具意義的事物。

同樣是面對電視的沙發，如果加入了不同材質與顏色的單椅，也能讓客廳從「只是用來看電視」，變成「伴隨親友相聚的歡聲笑語」的地方。

◆ 讓視覺更平衡的電視佈置法

電視的存在感難以忽視，尤其位於淺色的牆上，更容易與之形成強烈對比，產生「黑洞感」。如果你希望客廳有電視，又不希望電視變成客廳與生活空間的重心，除了可以考慮把電視擺在一進門看不見的那面牆上，這裡再提供六個「讓電視不那麼顯眼」的訣竅。

1. 確保電視附近有更多好看且值得注意的家飾品，以降低電視的存在感，例如：在電視附近掛上畫作、藝術品等等。

2. 當電視出現在淺色牆面形成鮮明對比時，可使用能把電視變成「一幅畫模式」的美學電視。如果喜歡暗色牆面的人，將壁掛式電視放在暗色牆面上，也能降低電視帶來的視覺焦點。

3. 設計得宜的系統櫃，能讓電視有個「形狀剛剛好、量身訂做」的家，而不是設計一格比電視尺寸大上許多的外框，給人「把一塊巧克力放在長盤裡」的感覺。

4. 裝潢或整修時，記得鬼斧神工地藏起凌亂的電線與電視盒（可參考〈特別企劃〉中 P.234 的電視櫃設計）。

5. 如果是為了要收納電視盒，除了傳統的四腳電視櫃之外，還有其他更有創意、更具藝術感的櫃體設計（可參考 P.226〈居家故事3〉漢娜的客廳）。

6. 善用電視升降櫃與伸縮壁掛架，讓電視在需要時才出現在視野中（可參考 P.227〈居家故事3〉臥室裡的升降櫃）。

掛牆的電視,與不看電視的時候,可以選擇像這樣能把電視調成「一幅畫模式」的美學電視,在不看電視的時候便能自然融入牆面,並且在電視附近加入其他掛畫,將牆面變成一道有設計感的藝術牆。

即使不使用美學電視,也可以選擇在壁掛的牆面增添幾幅藝術畫作。

◆ 最好的電視牆設計，是沒有電視

其實，我最喜歡的電視牆設計，是「客廳沒有電視，也沒有電視牆」。

讓客廳的空間，留給家人談心與活動。再也不用圍繞著電視來思考，比方說，沙發不需要面對電視，更不用為了遷就電視而讓家具選擇變得綁手綁腳。

坪數足夠的北歐家庭，有些會挑選樓梯下方的空間，或是在客廳之外的另一處來作為獨立的「電視廳」——客廳就完全不需要放電視了。

北歐屋主利用伸縮壁掛架或旋轉架，將電視藏在平時幾乎看不見的位置，將空間的焦點留給充滿品味的生活。

Point 2 沙發的選擇：低椅背沙發很難坐？

仔細觀察，你可能會注意到，明明北歐人身材高大，為什麼沙發椅背這麼矮？

北歐居家選用的沙發，雖然沒有絕對，但通常線條都較為輕盈和極簡，而且市面上販售的沙發，幾乎「椅背高度」都小於「坐墊深度」。這樣的沙發，除了是北歐極簡的體現之一，可能還有其他原因。

例如，高椅背的沙發，雖然支撐力較好，但外觀較易讓人聯想到汽車座椅。再加上北歐的舊宅，時常有「沙發擺在窗戶正下方」的格局。為了充足的陽光，挪威法定的窗台高度不能高於1公尺——想像一下，沙發椅背若高過1公尺，便會擋住窗戶。

雖然椅背不高但坐墊夠深，所以坐起來還是很舒適的皮製沙發。低椅背也沒有高過窗台而擋到窗戶。並且捨棄了L型沙發，用一張長沙發搭配兩張單椅，讓這個客廳成為注重人與人互動的空間。

大家可能會覺得低椅背的沙發不好坐，但其實並非如此。雖然北歐常見的沙發椅背幾乎不高，但坐墊的「深度」都相當足夠——當你把屁股往前挪動，搭配背後的抱枕，身體還是可以倚臥地很舒服。

◆ L 型沙發是你最好的選擇嗎？

大家還記得在〈1-1〉章節曾提到，我在搬進新家前，差點做出錯誤的決定，買下一張超長的 L 型沙發嗎？

L 型沙發是許多人挑沙發時的首選，也曾經是我們覺得「理所當然」的選擇，然而，經過幾年觀察北歐居家，一再省思自己「理想中的居家空間」是什麼模樣之後，我可能不會再打算買 L 型沙發了。

簡言之，是因為 L 型沙發能達到的效果，用其他家具來搭配也能做到，並且可以讓空間更美觀，更有個人特色，還能配合每天不同的生活需求。

◆ L 型沙發不適合互動與交談

L 型沙發上最大的優點，莫過於躺在加長端看電視、看書，會感到非常舒適。但是這點，用一張長沙發，於沙發尾端配上單人椅凳，也能夠達成。甚至椅凳還能移到沙發正中央，不用斜著眼看電視。此外，當有客人來訪時，沙發椅凳也能從長沙發分離出來，變成一個單獨座位。

反觀 L 型沙發的長端，在朋友聚會時則略顯尷尬，因為既不太能

坐也不方便躺。如果沙發椅凳選擇與沙發同款，這樣就能完全等高；當然，也可使用不同款式與材質，為空間創造出更多對比與層次（詳細應用可見〈2-2〉章節）。

L型沙發面向電視的設置，似乎無時無刻都在告訴我們：「這是一個用來躺著，舒服看電視的客廳。」比起如此，我更希望客廳能提醒我，每天都要珍惜與家人間的互動、注重健康與更有品質的生活。

因此，不少北歐家庭會選擇一張長沙發，搭配沙發兩側的單椅；若格局許可，也有些人會選擇兩張不靠牆擺放、面向彼此、適合聊天談心的長沙發（可參考〈居家故事3〉漢娜的客廳）。

長沙發搭配沙發椅凳，當你想要躺下時，還是可以拼成 L 型沙發；與家人朋友相處時，分離的沙發椅凳則可以變成座位。

◆打造一個客廳，讓生活成為心中理想的模樣

總之，想要在客廳躺下來，除了 L 型沙發面對電視的擺設之外，還有太多其他的選擇。我相信，你會在一個空間裡面做什麼、如何生活、成為什麼模樣，空間的擺設會給你極大的啓發：它會影響我們，進到客廳的第一件事是打開電視，還是坐下來喝一口茶；是欣賞窗外風景、與伴侶分享一天的生活，還是拾起擺在單椅旁的雜誌書籍，關心世界與專注於自我的成長。

打造一個客廳，讓它的模樣能溫柔地告訴你，自己與家人想要的生活。

客廳的中文之所以爲「客」廳，代表它是個「人與人交流互動」的空間；而客廳的英文是「Living room」，則提醒我們這裡是用來「生活」的。

Point 3 ▶ 跟沙發一樣重要的抱枕與毛毯

我看過很多差強人意、不怎麼舒適也不吸引人的客廳。然而，儘管是同一張沙發，一旦收起原屋主的抱枕，放上軟裝師精心挑選的抱枕與毛毯，突然之間，客廳的氛圍便大幅提升了。

抱枕除了有裝飾的功能之外，也能在接近直角的椅背與坐墊間，給端坐者更好的支撐。因此，一顆好的抱枕相當重要。以下分享給大家挑選抱枕時可以參考的五個方向。

1. 材質的選擇

多數人可能會習慣挑選跟沙發布料相似的抱枕——包含我剛開始也是。儘管使用相似材質有它的好處，但如果可以運用抱枕與沙發材質的差異性，便能為空間帶來層次。

例如：皮沙發搭配絨布、亞麻抱枕；貓抓布沙發配毛茸茸的抱枕。這樣明顯的軟硬差異，會讓視覺有更多的停留之處。

2. 大小與形狀

試著觀察一下，你家的沙發抱枕都是同樣的大小嗎？仔細一看的話，許多美觀的沙發佈置，大多是大抱枕在後、小抱枕在前，這樣不但能減少「抱枕尺寸相同的層層壓迫感」，坐起來也更符合人體工學。除了大小之外，還能在形狀上做變化，比如選擇長方形、圓形的抱枕。

3. 花紋的選擇

通常我偏好使用素色、但材質各異的抱枕，有時會再搭配少數帶著明顯花紋的抱枕——花紋的顏色，可以從素色抱枕中汲取，這樣同中取異、異中求同，有變化但又能避免畫面紊亂。

〈居家故事 4〉中瑪塔家的客廳。圖中的流蘇抱枕，因為織品材質立體，就算顏色與沙發、其他抱枕相似，也能豐富空間的層次感。

〈居家故事 3〉中漢娜家的客廳。漢娜的花紋抱枕使用了公寓中的點綴色粉紅色，也符合她身為復古時尚網紅的氣質。

有特別花紋的抱枕，容易成爲視覺焦點，並且比起素色，花紋較易令人產生強烈的喜或惡——如同一件印滿碎花的洋裝，大家各有所好。但同樣地，有花紋的抱枕也是個面積不會過大、可以展現個人特色的家飾品。

4. 抱枕的內裡材質

起初，我習慣用便宜的聚脂纖維抱枕，它們的特點是「身輕如燕、支撐力薄弱」。後來調整家裡的樣貌時，我才深刻體會到羽絨抱枕的好處，它們不但支撐力好、形狀厚實，視覺與使用上比起聚脂纖維抱枕也多了不少優點。（本章節照片中所有抱枕都是羽絨內芯抱枕，而聚脂纖維內芯的抱枕，可以在〈2-1〉章節 P.81 看到。）

雖然羽絨抱枕價格稍貴，但當你想要斜躺時，通常需要用三到四個聚脂纖維的抱枕，才能達到一到兩個羽絨抱枕提供的支撐力，因此，我現在已經完全無法回到過去，使用聚脂纖維的抱枕了。

5. 抱枕的排列組合

精心挑選，看起來卻自然而毫不費力，這就是抱枕擺放的精髓。我時常看到在「每個沙發座墊凹槽間放一個抱枕」的擺法，但這樣容易顯得過於刻意，而形單影隻的抱枕又像是「被人刻意擺放過」的。

大家可以嘗試抱枕的各式擺法，將不同材質的抱枕放在視線焦點處；或者「大抱枕在後、小抱枕在前」，這些都是可以做出變化的幾個方向。

仔細端詳這張沙發，它正是運用了以上五個建議。
抱枕數「左三右二」的數字運用，非對稱讓畫面顯
得更自然。而花紋抱枕中，使用了一些素色抱枕搭
配地毯的顏色；恰如其分的圖騰樣式，更形成了沙
發上的一處小亮點。

◆ 北歐沙發的好朋友：蓋毯

蓋毯可能是身處於熱帶與亞熱帶地區的台灣人不太熟悉的單品，卻是北歐沙發上必備的用品之一。

視覺上，蓋毯有創造層次、打破沙發座墊「呆板方塊感」的功能；使用上，它是你想當沙發馬鈴薯時，以及在冷冽冬季溫暖你身心的織品。儘管身在炎熱的台灣，亦可選擇較為輕盈涼爽的材質，例如亞麻毯。甚至可以考慮有兩套分別適合「春夏」與「秋冬」的抱枕與毛毯。

許多人在挑選沙發時費盡心思，卻容易忽略沙發上的佈置，非常可惜。因為同一張沙發，無論是陳舊或顏色奇特，只要使用對的抱枕與毛毯，馬上就會賦予它新的生命！

對我來說，抱枕的挑選其實比沙發花了更久時間。材質與樣式好的抱枕，需要慢慢尋覓，有時價格也不便宜。雖然聽起來有點鑽牛角尖，但讓人想一直待著的家，關鍵正是在這些枝微末節裡。

像這樣與沙發、單椅材質不同的蓋毯，坐下來看書或看電視時，蓋在身上會有種被保護的感覺，也能製造空間的層次感與溫度。

家裡需要鋪地毯嗎？

這是我最想要和大家分享的主題之一。你們家裡有地毯嗎？在台灣長大的我，幾乎沒有過誰家裡有地毯的記憶。小時候，我家三姊弟都有嚴重的鼻子過敏症狀，連絨毛玩具都不太能玩，更別說是一大塊毛茸茸的地毯了。

2020年，我們搬進位於挪威的新家之後，我開始經營「與凱西一起打造北歐風格的家」臉書專頁。大家可以看到我分享家中各角落的照片，唯獨客廳，我等了幾乎一年之後才敢張貼出全貌。因為當時的客廳看起來不太對勁，而其中所缺少的物件，正是地毯。

但因為地毯從來不是我過去生活的一部分，我內心對於是否需要地毯，始終抱持懷疑的態度。可是，無論我用英文、中文、挪威文搜尋了無數次：「地毯的替代」、「什麼時候客廳不需要用地毯？」結果幾乎都是：「你的客廳需要地毯的原因。」

瑞典的室內風格設計師芙烈達・拉姆斯特在《The Interior Handbook》一書中，甚至直言：「每次當有人跟我說地毯很不實用，我都會回他說，你只是還沒有找到適合的。」

經過近一年的研究與掙扎，我們家還是買了地毯，並且在鋪上地毯之後，馬上感受到它的確就是客廳缺少的最後一塊拼圖！我也在這段研究地毯的過程中，得到許多深刻的體悟，比方說，對於「何時需要使用地毯」與「為何有時地毯用起來很奇怪」。不少是書本與網路上幾乎未曾提過的。接著，讓我來逐一分享吧。

◆六個考慮因素：何時應該使用地毯？何時沒那麼迫切需要？

1. 當沙發、單椅、茶几大於三樣時

在視覺上，地毯有個很重要的功能，就是讓「各種家具產生關聯」，並隨著家具「降落」在地毯上而產生安定感。如果你的客廳只有兩樣家具，例如一張沙發與一張茶几，可能不見得需要地毯。但若你有沙發、單椅、多張茶几等數樣家具——地毯則幾乎不可或缺。不然，你的家具便會給人散落在客廳各處的感覺，也比較不安心、不穩定及不踏實。

沒有地毯的話，單椅便會像是不小心被人遺留在一旁的家具。

2. 地板感覺太過冰冷時

有很多使用大理石或白色瓷磚地板的人，會提出這樣的疑問：「家裡看起來很冰冷，該怎麼解決？是否該加入一些暖色調？」

其實，加入顏色點綴的效果相當有限。會覺得「冷」，是面積最大的大理石與瓷磚地板的材質或顏色所造成的。

不管是想改善地板的冰涼感，或對於覺得「地板太醜、但暫無翻新計畫」的租屋族或家庭來說，地毯絕對是相對平價又方便的替代方法。

3. 當家具與地板的「接觸面」，讓你感覺太銳利或不舒服時

請大家想像一下，銀色刀叉放在鐵製餐盤上的感覺，是不是有點寒冷？

當家具的椅腳或桌腳太細，或屬於不鏽鋼，且它們所接觸的地板也偏冷，如大理石或白瓷磚材質時，在夏天可能看起來涼爽，但天寒時，卻會散發出一種冷峻與孤寂感。甚至會有用金屬刀叉劃在鐵製餐盤上的不舒服感。此時，就會需要在家具椅腳與地板之間，加入一個可供緩衝的地毯。

4. 在開放式空間，如客餐廳位於同個區域時

地毯還有個很重要的功能，就是：「框定區域」。

現代的格局，有越來越多客餐廳混合在一起，甚至結合廚房的開放式空間。在這樣的廣闊區域中，地毯在家具底下所創造的視覺面積，便有了很重要的聚焦功能，可以劃分出：這裡是客廳、那裡是餐廳等等。

相反地，若你的客廳剛好被兩面牆壁包夾、第三面還有屏風或玄關時，客廳的區域已經被框定出來了，此時對地毯的需求就會相對小一些。

5. 喜歡在客廳吃飯的家庭

你喜歡在客廳邊看電視邊吃飯嗎？一般認為，茶几最適合的高度，是與沙發座墊差不多高，或差距在上下10公分之內。因此，若坐在沙發上，勢必得彎腰吃飯。

這時若有了地毯，我們更能隨意席地而坐，這樣一來，在茶几上吃飯就會舒服許多。甚至在鋪了地毯後，我們家客廳的座位還增加了一倍，因為地毯上也可以坐人。不只是吃飯，有時不想穿著外出運動的衣服躺臥在沙發上時，地毯也可以讓你自在地坐著，給生活更多隨心所欲的彈性。

6. 回音太大時

在使用瓷磚或大理石的空間裡，很容易產生回音。此時，地毯便是減少回音的好幫手。

以上是我家客廳有無地毯的對比圖。這個客廳符合了全部六項「該考慮使用地毯」的特質：沙發、椅凳、茶几等家具超過八樣；桌腳與椅腳尖細且材質偏冷，踩在顏色也偏冷的木紋磚上，便屬於「沒有地毯，視覺上與心理上就無法安定」的空間。

◆ 為什麼我使用了地毯，卻看起來不太對勁？

有時候用了地毯，視覺上卻總覺得好像哪裡怪怪的。最主要的原因，無非是「地毯太大」或「地毯太小」所造成。

尷尬的走道、擋路的地毯

若你鋪的地毯尺寸太大，使得走道變太窄，行經時需要「一腳踩地板、一腳踩地毯」，或是「多次走上又走下地毯」才能到達一個地方，這樣不管是視覺與觸覺上，都會讓你感到不自在。

一般來說，地毯到牆壁之間建議至少要留25到40公分的走道——這個數字沒有一定標準，只要你看起來覺得不和諧，就可以試著增長或減少地毯的長度。

因為「太小」而顯得侷促的地毯

客廳裡，地毯在視覺上最重要的功能之一，是連結沙發、單椅、茶几等家具——當你的地毯太小，連結不到多數家具，或者只連結到其中幾樣時，你可能也會覺得畫面有些奇怪。

儘管使用 3 公尺長、2 公尺寬的地毯尺寸依然略小，以致於椅腳只能勉強踩上地毯約 3 公分，給人一種害怕地毯被風吹走、稍嫌不夠大器的感覺。

Note! 時下還有一種「只有茶几下有地毯」的擺法，地毯沒有與其他家具連結。當然這也能產生溫度與層次感，但因地毯本身有「聚焦」的效果，這種擺法除非茶几相當特別，否則在挪威比較少見。

此外，最容易上手的方式，是讓「所有家具的前腳」都踩上地毯，將地毯「延伸進家具前腳之後的1/4到1/3」的位置——這樣能在視覺上顯得更加游刃有餘。當然，這不是絕對的比例，如果是沒有椅腳的沙發，或許直接從沙發外圍開始擺放更適合。

不過，若你有個豪華寬闊的客廳，那麼，讓所有家具不只是前腳，而是所有桌腳與椅腳都100%「降落」站在大地毯上，或許會顯得更大器。另一方面，單椅斜放時，即使只有「一支椅腳」踩上地毯，都能神奇地產生連結感（如P.190照片）。

由安德斯改造後的挪威小公寓。左圖的視覺中，容易聚焦在地毯上的茶几與灰色泡芙椅凳。下圖則是改造後（台灣也有這種「沙發、茶几、電視」一直線排列、寬度不超過 3 公尺的格局）。與其只留下一條小走道，也可使用一路覆蓋至電視牆的地毯。

另外，將地毯擺放在延伸進家具前腳之後約 1/4 的位置，從側面看，不會有「勉強只踩到一點點」的窘迫感。再加上需要連結的家具少，正是個「沒地毯也不會太糟，但有地毯會更好」的例子。

◆ 地毯該如何選擇？

之所以花了很多篇幅描述地毯，因為這可能是許多人不太熟悉的居家單品。最後，我想分享地毯選擇上的兩點建議。

先決定它是空間的配角還是主角？

地毯的面積大，若再有獨特的花紋、顏色或材質，馬上會成為空間的焦點。因此，尋找適合自己、視覺聲音得宜的地毯相當重要。

第一次挑選地毯時，若能抱持愛物惜物，「只是試擺而不是真正拿來使用」的精神，其實可以多多善用鑑賞期來進行嘗試。

你打算赤腳還是穿拖鞋踩上地毯？

為了讓地毯更容易清潔，我與老公決定「每次上地毯都要脫掉拖鞋，赤腳踩上地毯」。此時，地毯的材質格外地關鍵，因為觸覺上，我們不太想要踩到刺刺的地毯（例如由天然植物纖維，像是劍麻等編織而成）。但如果你想要直接穿拖鞋上地毯，這種天然植物纖維編織、耐磨、耐髒的地毯就不成問題。

如今我們客廳的地毯已使用超過一年，不只客廳，餐桌下也增添了一張地毯。

地毯為冷冽的北歐冬季帶來許多好處，並幫助家具們做聚集與降落，傳遞出更安穩的居家氛圍。希望讀完本章，可以帶給不太習慣的台灣讀者，關於使用地毯上，一些全新的思考方向。

在溼熱、有穿拖鞋習慣的台灣，如果對羊毛或其
他柔軟觸感的地毯有疑慮，或許如照片中，選擇
視覺上較為粗曠、與沙發材質對比的植物纖維地
毯，也是可以考慮的好選擇。

6

用餐與宴客的夢想之地

——餐廳——

Point 1 ▶ 該選擇圓桌還是長桌？

有些格局，可能一眼就能分辨出適合擺圓桌還是長桌。但如果你對於「圓桌還是長桌」有選擇困難，想必你的餐廳跟我家一樣，是兩種桌子都適用的格局。

圓桌最明顯的優點之一，是所有人能面向彼此，適合溫馨的聚會時分，並且運用在小坪數家裡，少了直角的圓桌能讓桌子周圍的走道更為通暢。值得注意的是，現在有許多桌子，不論是長桌或圓桌，有著需要時可以做延伸的設計，方便容納更多人。

我家的餐廳是長3.5、寬4公尺，接近正方形的空間。在尋覓家具時，有挪威朋友建議我：「你們正方形的餐廳很適合擺圓桌！這樣親朋好友們吃飯就可以面對面，想必會非常熱鬧。」然而，也有家具行的工作人員對我說：「你們餐廳有這麼長的一面窗戶，應該搭配長餐桌。」

一般來說，要坐同樣人數時，圓桌需要比長桌更寬，而長桌則比圓桌更長。

在選擇長桌或圓桌之前，我綜合了許多挪威朋友與家具從業人員的意見，在此跟大家分享幾個決策時的參考。

1. 在地上貼膠帶模擬

我很推薦大家使用不傷害地板的紙膠帶，模擬兩種桌型，觀察平日與延伸時的大小，甚至可以擺上椅子。這樣一來，不但能感受兩種氛圍，還能體驗看看座位的遠近與擁擠度。

2.「最夢想的宴客模樣」

當逢年過節或吃年夜飯時，你家通常會有幾個人呢？若是最親近的親朋好友都來作客，人數又大約是多少？對我來說，約莫是10人左右。此時，1公尺寬的長桌，需要延伸到約2.5公尺左右；而圓桌直徑則需要大概1.5公尺。對你家來說，何者留下的走道動線更為適合呢？

3. 日常使用習慣

你平時是否會在餐桌辦公？通常直徑過小的圓桌，圓弧彎度較大，會使能支撐手臂的桌面變少，可能不適合長時間辦公或工作。

或者試想一下，你家日常使用餐桌的人數爲何？若購買了一個尺寸稍大、直徑長達1.5公尺的圓桌，平時卻只有兩人吃飯，因爲相對而坐距離太遠，只能彼此相鄰——你喜歡這種感覺嗎？

與窗戶相輝映的長型餐桌，並且搭配了三盞精心挑選、有著不同垂降高度與造型的吊燈。

4. 考量與周圍家具、格局的和諧性

比方說，在格局狹長的餐廳空間，或許搭配長餐桌更爲合適。

5. 如果你的長餐桌需要靠牆放，則該考慮圓桌

就我的觀察，在北歐鮮少有人將餐桌的其中一邊靠牆放置。回想在外面看到「靠牆放」的餐桌，幾乎都是在小吃店、早餐店或餐廳——爲了節省空間。

然而，靠牆放置的餐桌會截斷空間，也容易出現一種稍嫌侷促的感覺。在北歐，這樣的餐桌設計通常會出現在小坪數的家，此時換成圓桌效果可能會更好。

有時候，你或許覺得將圓桌擺在中央、沒有靠牆，會不會不夠有秩序，但尤其是格局方正的家，若有個圓形的大家具，便會成為很好的圓與方對比，讓居家佈置不落窠臼。

像這樣的小空間，可能會不自覺認為該把長方形餐桌靠著牆擺，殊不知圓桌更能充分利用空間，還能保有換氣的餘裕。

6. 視線落眼處

許多圓桌都是由圓心處一支粗壯的圓柱支撐，然而，若在客餐廳一體的開放式空間裡，餐桌的一根粗圓柱，剛好會成為你坐在沙發時，視線所及的地方。此時，我會建議選擇有著造型別緻桌腳的桌子。

事實上，選擇桌子並不是什麼難事。如果覺得困擾，可能是因為「還沒有入住就想決定」所造成的。雖然入住時沒有餐桌多少會有些不便，但我們仍可以先列出一些餐桌的候選名單，等入住感受之後再決定。這樣一來，或許就能像我一樣消除疑慮，篤定地選出自己夢想中的餐桌。

挪威歷史悠久的女性雜誌《Kvinner og Klær》，曾舉辦過一次線上意見調查：你會混搭餐桌椅嗎？其中，有高達65%的挪威人回答：「會」。雖然在現實生活中，我沒有看到這麼高比例的家裡有混搭餐桌椅，但這個想法在某些情況下，是相當不錯的點子，在台灣也並不常見，因此，特別想分享給大家。

◆ 為何要混搭餐桌椅？

提升畫面豐富度

若大家有仔細觀察過韓國女團表演時的穿搭：通常不會完全一樣，但成員彼此之間又有共同的元素，以顯示她們是一個團體。畫面好看、有趣但不紊亂。同理，這個想法也可以融入居家佈置當中，像是挑選樣式類似但又不完全相同的餐桌椅。

凸顯某幾張特別的椅子

若你有幾張心愛的造型餐椅，與其全部用一樣的，不如穿插幾張基本款的椅子，更能凸顯你那幾張珍藏餐椅的不同。

預算限制

許多歷久不衰的經典餐椅價格都不斐。有時候，全部使用經典餐椅的價格，幾乎可以買一台二手車了，並且還可能因數量太多而讓視覺失焦。此時，混搭餐椅便是一個不錯的選擇。

丹麥設計大師漢斯‧威格納（Hans J. Wegner）設計的CH 24「Y字椅」，
造型優雅獨特，一張卻要價不斐。

©Veronika Moen

只將 Y 字椅用在長方形餐桌頭尾，更能顯示出椅子的與眾不同。

◆ 混搭餐桌椅的方法

基於讓畫面豐富有趣但不紊亂，可以試試「同中求異、異中求
同」。同時也提供兩個混搭的範例，讓大家參考。除此之外，年
代感或氛圍相近，也是可以考慮的元素。

1. 同中求異：同款式，但不同顏色的餐椅。

2. 異中求同：不同款式，但有共同元素的單椅，像是相同的
   顏色或材質等。

◆ 何時可能「不適合」混搭餐桌椅？

還記得〈2-4〉章節提到的「視覺聲音」嗎？混搭餐桌椅，一定會比使用相同餐椅產生更大聲的視覺聲音。

因此，是否要混搭，取決於想不想讓餐桌椅發出吸引人的「聲音」。若是餐桌附近有其他值得一看的單品，例如一幅珍藏的名畫、精心挑選的擺設或家具，或是窗外有美麗動人的風景，可能就沒那麼適合混搭餐桌椅了。

在挪威，與朋友或家人聚餐，十之八九是在彼此家裡。家，就是最客製化而貼心的餐廳。當朋友來訪，大家總是講究而不將就，隨意但不隨便。從進門的那一刻到離開之間，都可以感受到主人的貼心設想。這樣慎重的心意，與滿滿的餐桌儀式感，能將一天變得不平凡，讓人銘記於心。

就算只是在家裡，通常都有機能不同卻齊全的器皿。比方說：喝水有玻璃杯、喝紅酒有紅酒杯、香檳有香檳杯。除了日常的餐具，在特殊日子裡，許多人還會準備一套精挑細選，又能展現個人風格的餐具組。

有一年夏天，我與老公到好友瑪麗亞與凱文家作客，至今想起來仍是一場視覺與味覺兼具，讓人無比放鬆又美好的盛宴。

那天，凱文還準備了特別的前菜：可以在客廳沙發上邊聊天邊吃的魚子醬小煎餅（caviar blinis）。桌上餐盤雖多，卻不會給人東拼西湊的感覺——包含小菜的各種顏色、擺放位置，都是精心設計過的。

一進門，凱文與瑪莉亞便引導我們來到客廳就坐，用餐前先享用「Pre-drink」：餐前喝杯氣泡酒，在音樂與輕度酒精中，讓身心先放鬆下來。「香檳桶」更是宴客時的居家備品，除了保持飲品冰度之外，也能讓主人不需一直離座補充飲料。

男主人凱文當天大展身手，做了春雞燉時蔬。吃完飯後，我們喝了威士忌酸酒
（Whiskey Sour），吃著小點心，大家繼續開心地聊天。調酒裡貼心用了冰球，避免
調酒太快被水稀釋。

許多北歐家庭，幾乎都備有一套「專門宴客用」的餐盤，以供在特殊的
日子裡使用，例如宴客、聖誕節或任何特別的節日。從餐具的挑選往往
可以看出主人的品味。比方說，瑪莉亞是半個瑞典人，她特別喜歡著名
瑞典瓷器 Rörstrand 的 Mon Amie 系列，花紋也與他們家新穎與懷舊並存
的風格很搭調。

在挪威與其他北歐國
家，像這樣一整間販賣
餐廚具的店家，幾乎與
服飾店同樣常見，每條
購物大街至少會有好幾
間。這也讓注重生活美
學的人有了更多選擇。
以後來北歐旅遊，可千
萬不要錯過了！

7

重視清爽整潔的檯面

——廚房——

Point 1 ▶ 常見的廚房標準配備，釋放流理台的空間

另一個北歐與東亞地區差別最明顯的，便是廚房電器的選擇與設計。

日式、台式廚房重視「整齊收納」，檯面上會看到許多規矩排列的家電，從微波爐、烤箱、電鍋到冰箱、熱水壺等。而北歐廚房，則會把許多電器「整合」進系統櫃門之後，讓檯面看起來乾淨整潔，好像什麼都沒有——並且有個越來越流行的趨勢：包含咖啡機、熱水壺、藏酒櫃、冰箱等，也會選擇整合進系統櫃之中。

基本上，被整合在系統櫃門後的常見電器是：洗碗機、烤箱。有趣的是，微波爐並非北歐居家必備品之一，若有需要微波爐的家庭，通常會選擇除了第一台烤箱之外，再整合第二台微波爐兼烤箱功能的機器。

若有未被整合進系統櫃中的電器，例如熱水壺、咖啡機等，北歐人也會盡量挑選符合生活美學的，像是五顏六色的電器就沒有那麼常見。如果電器有特殊顏色，大多是為了配合家裡的色調，而

不是追求「獨樹一格」。因為通常家裡有更值得留意的風景，不需要讓電器來搶走鋒頭。

或許像這樣將電器整合進櫃門後的廚房，裝修起來會比較費工一些，但這就是北歐人捨得花錢的地方。因此，北歐的「輕裝潢」風格，不代表預算比較低——而是注重的地方有所差異，願意花錢之處也不同。

整合在系統櫃門後的有：冰箱、多功能烤箱，以及水槽旁邊下方的洗碗機。

幾乎看不到大型電器的廚房，其實在櫃門後有冰箱、藏酒櫃、多功能烤箱以及洗碗機。

◆ 電器無法整合進系統櫃的折衷作法

基於預算等綜合考量，我們不一定能夠在系統櫃裡整合進那麼多廚房電器。此時我有幾個建議：

電器櫃的設置

思考一下，你的咖啡機、電鍋、熱水壺等小電器要擺放在哪個位置？它們在「開放式廚房」中顯得更一覽無遺，因此，如何擺設便格外重要。如果已經買了很多外型上不甚美觀的電器，則要考慮是否加裝「櫃門」。

電器的選擇

與其讓電器們互相爭奇鬥豔，不妨琢磨看看是否能找到「一致性的元素」，例如統一選用銀色金屬材質，或白色簡約型家電。

視線可及之處的隱惡揚善

至於，一些「體積較大、造型參差不齊」的電器，比方說，微波爐、電鍋等等，則可以考慮放在相較之下稍微不那麼顯眼的位置，像是從客廳望向廚房時，看不到的那面牆。

看不見的抽油煙機

與「中秋節要烤肉」蔚為風潮一樣——「星期五吃塔可」也成了部分北歐國家的習慣。甚至在Instagram搜尋 # tacofredag 或是 #tacofriday，會看到各式星期五吃塔可的丹麥與挪威人。

塔可，是由各式生菜，搭配調味後的肉類，再放在墨西哥薄餅上食用。有時，從頭到尾需要開火的，只有一樣七分鐘可以炒完的肉而已。許多北歐家常料理也是類似的概念：需要大火快炒、容易產生大量油煙的食物偏少。在這樣的飲食習慣之下，對於高效抽油的需求相對不高。

此外，一般家庭多半使用電磁爐，而不是明火的瓦斯爐。許多抽油煙機幾乎都不需要把油煙往室外排放，而是吸入之後在濾芯內處理，再定期清洗即可。

近年來在台灣，開放式廚房與有電磁爐的中島越來越盛行，導致抽油煙機經常出現在生活的視線範圍內。如何降低體積大又不甚美觀的抽油煙機的存在感，成為許多家庭的思考重點之一。

然而，選擇抽油煙機首要的是符合使用需求。如果你平時是以油煙少的輕食為主，除了傳統形式，還有幾種「隱形」的抽油煙機，可以提供你參考。

這間公寓的廚房、餐廳與客廳位於相連的開放式空間中,使用下吸式抽油煙機,簡潔清爽又不會被傳統抽油煙機干擾視線。電磁爐與抽油煙機的位置設在窗戶邊,煮飯時還可以欣賞風景,當然也能開窗戶通風。

被北歐人
——
藏起來的電器

來到北歐之後，我發現許多人有個不約而同的思維——認爲「電器不美觀，要想辦法放進櫃子裡藏起來，或是收在不顯眼的地方」。我的北歐朋友們，從來都不覺得「電器很醜，想藏起來」這件事有什麼特別的。除了電視外，包含音響、廚房家電等電器，通常都會盡量收起來。

起初我以爲這跟氣候有關。因爲北歐比較不需要冷氣、電風扇這些大型電器，出現任何一樣電器，都容易引人注目。直到後來，有幾位挪威朋友跟我分享，我才發現這或許跟「洋特法則」有關。

在重視集體的北歐社會，何謂洋特法則的精神？

如果說儒家思想影響了東亞地區的思維，洋特法則（Law of Jante）便是斯堪地那維亞國家（丹麥、瑞典、挪威）的普遍思想。

它的核心概念，某種程度來說，是對個人光環凌駕於群體的牽制。北歐

社會認爲「你並沒有比較優秀」、「不要以爲自己很特別」、「別自認爲聰明」、「不要以爲你比別人更重要」等等。

即使在全球化、社群網路帶來個人主義的風潮下，讓洋特法則備受挑戰，但它還是極大影響了北歐人的日常行爲。比方說，挪威小學裡是不排名的，成績優秀的學生不一定會受到老師的特別關愛。面對資優生，老師心裡想的反而是：「太好了，你在學習方面沒什麼問題，那我就可以花更多心力去教其他跟不上的學生。」

洋特法則在成人世界中，體現在較爲謙虛、不太炫富，與追求社會平等上。「如果開一輛顏色鮮豔又拉風的超跑在挪威道路上，會讓我相當不自在。」「可以開好車，但不需要特地吸引他人的目光。」這是多數挪威富人的心聲。

當洋特法則應用在居家佈置中，便是沒必要使用名貴電器來吸人眼球。例如，你幾乎看不到北歐人在客廳陳列百萬音響──因爲沒必要。使用音響，是爲了呈現出更好的視聽效果，把音響藏在不顯眼的地方即可。

而若是使用知名品牌的冰箱或家電，通常是爲了它的品質。因此，用紅色或藍色這種引人注目的冰箱，也比較少見。本質上，電器對許多北歐人來說，跟螺絲起子差不多，僅僅是一項「工具」而已，最好用完就能收起來。因此，往往是以實用性高、品質好、用起來順手、體積不要太大爲主──又能低調不招搖地融入在居家畫面中，就足夠了。

為宴客與派對而生的
復古摩登公寓

漢娜夫妻的25坪新婚住宅

Info

- 人數：夫妻2人。
- 室內實際坪數：25坪。
- 另有閣樓儲藏室2坪。
- 1890年代公寓建築改裝。
- 入住時長：1年半。
- Instagram帳號：Hannegrestad（可掃描上方QR Code）。

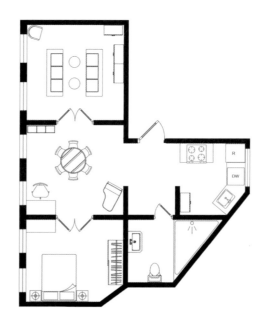

漢娜家的公寓外觀，與漆成藍綠色的大門。

◆ 從復古穿搭時尚網紅，到北歐居家佈置雜誌常客

像漢娜（Hanne Grestad）這樣隨時充滿笑意、正向樂觀的人，不是那麼容易遇得到的。她的 Instagram 帳號 Hannegrestad，曾經是為了提倡「復古時尚」：從二手市場購入的灰色毛絨夾克、在「好朋友舊衣交換之夜」換得的條紋狀連身衣等等。

「以前我非常熱衷於復古時尚，希望讓大家知道，二手購得的舊衣或配件也可以很有質感，並且對環境更友善。」漢娜對我說。

「在二十出頭歲時，我與兩個女生朋友在整座城市裡到處跑，替彼此照相、在社群熱心分享復古時尚的購買經驗與穿搭技巧。」當時，這個由三人共同經營的 Instagram 非常受歡迎。

「然而，我們都逐漸邁向三十歲，結了婚並且有自己的家庭之後，才發現，雖然依然會在意自己的穿搭，但花在家裡的心思更多了一點。」漢娜笑著繼續說。自然而然地，這個復古時尚園地，逐漸成為她分享居家佈置的帳號。

稱不上華麗,但機能齊全的玄關。牆壁上掛著漢娜的復古卡其色外套。

對我來說,所有的創作與藝術都是彼此關聯、可以互相取鏡的,包含穿搭與居家佈置。因此,我問漢娜,她是否曾經將自己的穿搭技巧運用在家中?

她停頓了一下,便跟我說她的確不自覺地這麼做了。「比起全身素色或一致性高的衣著,我更喜歡身上有一件衣飾或配件特別耀眼、與眾不同。另外,我也很樂於嘗試不同顏色的穿搭,這樣一來,便感覺自己獲得了一整天的自信與活力。」

在以灰藍色系統櫃為主的廚房裡,可以看見繽紛多彩的玻璃杯、水果、蠟燭等擺飾品。

漢娜喜歡的穿搭方式，也被她應用在自己家中。例如藍色、橘色、粉紅色這樣引人注目的對比，還有如一串晶瑩剔透的葡萄般，由天花板垂吊下來的吊燈，像極了走在路上，令人一眼難忘的設計師耳環。

有趣的是，比起漢娜，曾經與她一起經營復古時尚的朋友亨麗埃特，卻與她有著天差地遠的時尚與居家佈置風格。「繽紛對比的顏色能讓我全身充滿活力，但這樣的搭配卻會耗盡亨麗埃特的精力。一直以來，她的穿搭都是以灰、白、黑或大地色為主。」

「當亨麗埃特開始佈置她的家時，也自然而然地使用了這樣冷色調、單一色系的搭配。以黑白灰為主，並且選擇保留了大自然原型的家具與飾品，例如大理石、木頭、棉、奇特形狀的樹枝等等。」

「我不會把家裡佈置成亨麗埃特的風格，反之，她也不會把她家打造成我家繽紛的風格──正如每個人對居家佈置的需求不同，所偏好的風格也各自迥異，不必迎合他人。只要讓自己感到自在、心情能得到放鬆與舒展就好。」漢娜接著說。

漢娜的穿搭風格與她佈置的家（照片來源：IG帳號Hannegrestad）。

亨麗埃特的穿搭風格與她佈置的家（照片來源：IG帳號 Henriettes.hjem）。

◆ 沒有人會被忽視或坐在角落

漢娜家有許多迷人且值得分享的細節，其中，讓我印象最為深刻的，是她為了與親人好友相聚而打造，緊緊相連的客廳與餐廳。雖然我去拜訪時只有一人，但我彷彿能夠預見，在漢娜家聚會將是多麼幸福的事！

她的客廳與餐廳相連，中間有一扇永遠敞開的大門。餐廳使用圓桌，確保每個人用餐時都能面向彼此；餐桌旁的開放式邊櫃上，擺放了許多擦得發亮的酒杯與香檳杯，為居家派對設下最自然且應景的主題。

客廳則有兩張三人座沙發，面向彼此擺放。客廳裡看不到電視的蹤跡；兩張沙發不是面向電視，而是齊聚一堂的彼此，讓歡聲笑語自然地成為家中的主題曲。

身為高中語文老師的漢娜，她特別在意心理上的安全感與融入

感。「我們很喜歡邀請好朋友或家人來作客,幾乎每週都會宴客。我希望每個人來到我們家,都是被重視、備受禮遇的,沒有人會孤零零地坐在長桌尾端。」漢娜對我說。

漢娜的先生會彈鋼琴，於是在餐廳的一角，有台面向餐桌擺放的白色演奏型電子鋼琴——宛如在高級餐廳用餐時，由男主人為大家演奏一曲的美好畫面。用餐完畢後，我甚至能想像微醺的賓客們起身，緩緩移動到隔壁客廳的沙發。

◆ 可以參考通則，但不必100%照著做

漢娜客廳裡的兩張沙發，不但是一白一橘兩種顏色，甚至還是不同款式。

這樣的選擇雖然不常見，卻讓客廳整個「活」了過來。「在買沙發時，家具店的員工都勸我不要衝動，因為他們從來沒見這樣選沙發的。」漢娜笑著說。

「但我知道，這樣的顏色搭配不會有太大問題：白沙發沉穩平靜，所以其他的家具，包括橘色沙發，都可以構築在這樣的平靜感之上，稍稍展露它們的『獨一無二』。」

「我自己也沒有見過這樣不同顏色與款式、面對面放置的兩張沙發，但有時候，就是要放手試試看。」如果漢娜選了兩張同樣的沙發，這個客廳還是會很美，但或許就不會這麼充滿驚喜了！

漢娜家裡不限於餐廳，隨處都可以見到酒杯及香檳杯們，以聚集與降落的形式放置在各個角落，點綴整間公寓。儘管用酒杯們來做佈置，不是常見的做法，卻體現出主人的生活方式與品味。

其實，我去拜訪當天，是個挪威冬天的午後。貼心的漢娜準備了許多小點心與飲料，除此之外，茶几上還擺了兩個粉紅色、造型別緻的雞尾酒杯，用來喝水及果汁。

或許在大家聽來，這不是什麼特別的事，但當下我卻感到十分驚喜。在台灣長大的我，習慣了用各式各樣的杯子喝水：不管是馬克杯、玻璃杯或咖啡杯，甚至酒杯也無所謂。

因此，我剛來挪威時，有次家裡宴客，一位不喝咖啡的客人想要喝水，我就自然而然地把水倒進他的咖啡杯裡了。等到客人走了以後，我老公才跟我解釋道：「在這裡，大家幾乎都用透明玻璃水杯喝水。如果把水倒入咖啡杯中給客人喝，客人可能會覺得有些奇怪。」

「雖然聽起來有點矯情，但人生只有一次，所以我希望每天都可以活得自在又獨特。」漢娜聽完我的水杯故事後，這麼對我說。「看到這幾個粉紅色的雞尾酒杯，總是能讓我心情很好，所以，為什麼一定要照著規則走呢？為什麼不能用它來喝水或果汁呢？」

「有時候，不需要什麼特別的原因，也不一定得是星期五。只要興致一來，可能就會開一瓶酒，來享受放鬆的情緒。又或者，儘管不是特殊節日或有什麼值得慶祝的事，我也會煮一頓大餐，換上好看的衣服，與老公在家裡一起享受二人世界。」漢娜說。

因此，那些出現在整間公寓的酒杯們，像是一個溫暖的提醒，讓她能夠懷著一顆感恩的心，告訴自己：「辛勤工作之餘，生活依然會給你簡單而即時的回報。」

「畢竟每天都是特別的一天！可以參考通則，但不必100%照著做。」漢娜說。

◆ 兩台隱藏電視：充滿創意的漢娜與她 DIY 的精神

在漢娜25坪、一房兩廳的家裡，還有另一個特別之處：她有兩台隱藏得很好，幾乎看不見的電視。「因爲電視並不是特別美的電器，漆黑的螢幕，會與我家的擺設產生太強烈的對比。」漢娜妮妮地說明。

漢娜的兩台「隱藏版電視」，一個在客廳，另一個則藏在臥室。

「我們本來想要在客廳設計一面從地板到天花板、一整面的開放式櫥櫃，其中有一格專門量身訂做來擺電視，其他格則擺書籍與裝飾品。」漢娜與我分享。

「那後來爲什麼沒有這樣做呢？」我問。「因爲我們有各式各樣的興趣，雖然偶爾會看書，但它並不是我們生活中太過重要的部分。因此，不太需要特別展示我們看過的書，更沒必要把它們放

在這面向著客廳的主牆上。」漢娜回答。

漢娜與她老公後來發覺,美學電視與海報牆的搭配,對他們來說是更好的選擇。而且比起客製一整面櫥櫃,價格還更便宜;挑選恰當的海報,組成舒服的模樣,正適合充滿創意與美感的漢娜。

而第二個電視,則被藏匿在主臥室裡。新婚時,漢娜的公婆贈送了一台傳統液晶電視作為禮物。但漢娜決定客廳要用美學電視之後,這台電視便無處安放。

「我們曾經想過要把它賣掉,但這個禮物乘載著爸媽的祝福,於是,我們想要找個聰明的方法來留下它。」

漢娜沒有使用傳統電視櫃。她把電線沿著踢腳板,拉到牆角的白色矮櫃。矮櫃是漢娜祖母傳承下來的柚木老家具,被漢娜漆成白色之後,它成了收納電視盒、遙控器與書籍的地方。

因此，他們決定自己在床尾釘一個木櫃，裡面放置電視升降架，將電視收在裡面，需要時再用遙控器把電視升起來。

這個白色的電視升降櫃，是漢娜老公自己設計與打造的。「雖然家裡很多家具與擺飾都是我的主意，但如果沒有我老公的木工能力，創意就無法實踐了。」漢娜引以為傲地說。

漢娜的主臥室以大面積的白色調為主,再用藍色、橘色、粉色,
這三個具有時尚摩登感的顏色搭配做點綴。

漢娜用的不是一體成形的化妝台，而是將鏡子與桌面拆分開來，不但充滿個人風格，並且更簡約。華麗的金邊梳妝鏡，是漢娜在古董店二手購得的；梳妝台則是有抽屜的邊桌。漢娜將大部分的化妝品收到抽屜裡，只展示粉色、藍色及外觀具有一致性的瓶罐與配件——是儲物兼佈置的最好體現。

◆ 未來將繼續與人一起成長的家

漢娜夫妻二人在2021年夏季，搬進了現在這個家。他們家與許多
北歐人的家一樣，不論入住多久，永遠都掛著「未完待續」的牌
子，不斷有精進與改善的點子等著實現。

「我心裡有幾個很想嘗試的改造。其實以前，我是個擁有夢幻粉
紅色房間的女生。」漢娜說。「然而，當我從單身踏入了兩人世
界，我的風格也隨之調整了。因為我們家也必須是個讓我先生感
到自在心安、招待朋友又不尷尬的地方。」

「後來，我發現藍色是我們夫妻二人都能接受且喜歡的顏色。」
在藍色之上，漢娜使用了橘色、金色與白色。「後來我也引進了
一點淡淡的粉紅色。」漢娜補充。

「除此之外，我還想把美學電視附近的海報，逐漸替換成對我們
更有意義的藝術品。例如我們一起旅遊的照片、一起去古董店挖
到的海報或畫作。」最後，漢娜提到了想將天花板漆成其他顏
色，比方說帶點灰的藍色。而漢娜想漆天花板的原因如下。

1. 百年建築的空間裡，挑高達3.3公尺。若把天花板漆成比牆
   壁還深的顏色，視覺上會有將天花板拉近的隱蔽感。在享
   受挑高空間的同時，還能感受到一股被深色罩頂保護的感
   覺。
2. 建築裡保留了天花板上美麗的雕花，如果在深色天花板周
   圍，將雕花保留為白色，更能凸顯歷史細節與雕花之美。

漢娜擁有一個充滿創意、熱愛佈置與居家改造的靈魂，雖然天花
板重新上漆是個不小的工程，卻能讓她對生活有了新的期待。

年輕時，漢娜最在乎的是身上的穿搭，隨著年齡漸長，幫房子穿搭也成為她生活中重要的興趣與熱忱。我想，漢娜的家未來也會隨著品味而持續變化。

左圖中的廚房有個漢娜從舊家帶來的開放式櫥櫃。「廚房用品很難每樣都好看，許多東西應該收起來，而不是展示出來。所以，我想改造它或替換成有櫃門的。」漢娜說。

右圖則是浴室。漢娜覺得洗手台下方的儲物櫃稍大且欠缺美感，這也是她將來考慮改善的地方。

台灣有這麼一個家，讓我看過一次就印象深刻、難以忘懷。不是因為有華麗高級的設計或裝潢，而是充滿個人特色的家具與擺設。

至今，我都能記得她們電視下那充當電視櫃的老件皮箱、有溫度與回憶的靠牆書架、一個帶著木紋還有些龜裂的歐洲老餐桌，以及融合她們對旅行、咖啡、攝影、烹飪的熱情，伴隨她們日常生活的用品與擺飾。為了找到最適合的家具，她們幾乎把整個台灣的家具店都逛了一遍。

✓ 北歐、日式和工業風混搭而成的居家

這個家，是由台灣部落客「下班女子討好人生」Chi Chi 與 Lu Lu 兩人親手打造。兩位屋主除了對舒適明亮的風格有基本共

識之外，其實最初各自喜歡不同的風格：Chi Chi 傾向北歐日雜的質感；Lu Lu 則偏好金屬與線條感的工業氣息。經過她們多次討論與資料蒐集之後，最終決定以「北歐日雜混搭一點工業風」，設計出一間「復古咖啡店」的家；不做天花板，讓 3.6 公尺高的天花板與金屬管線自然地呈現，再用天然木料搭建成餐廚櫃，最後融入日雜元素、歐式和台灣老件。

她們家給人的感覺是，走進去，隨便指任何一個家具，都會有這個家具是如何來到家裡的故事，沒有任何一樣是隨便買來的：不論是一見鍾情、是三顧茅廬、還是驀然回首那人卻在燈火闌珊處，每件家具都是在偌大的世界裡百裡挑一，最符合當下生活需求的物品。像這樣，對家的用心，與每樣家具的「命定感」，也是我一直覺得「這只能是屬於她們倆獨一無二的家」的原因。

「每一樣家具，都是從風格、預算與機能折衷平衡而來，也是最適合我們的選擇，所以沒有後悔的家具。」Chi Chi 與 Lu Lu 這麼說。

另一方面，她們家的裝潢很「輕」，客廳與餐廳幾乎都是易於移動的家具。裝潢的重點則在於把基底打好，譬如將地板換成喜歡的紋路與材質、將牆壁漆成鍾愛的模樣。

沒有太多系統櫃的客廳。兩個牆上書架，不僅是收納及擺飾，也展示了真實生活的一面。「書架購於 Mountain Living 台中旗艦店。層架的材質是北美白橡木經煙燻處理後，配上黑色烤漆鋼鐵——這樣通透的書架，在公共區域中，可以隨心所欲地擺上與我們生活最密切相關的日常與回憶。」她們分享道。

用簡單的灰色藝術塗料牆面，取代繁複華麗的電視牆；再用三個老件皮箱，取代電視櫃。望向這面牆，目光很快就會被充滿靈魂的舊皮箱吸引，而不是電視。灰色牆後，她們也請設計師先預留了管線。

「因為電視離沙發滿近的，但又想要保持空間的輕巧。當然，我們也想過用電視櫃、木板或是邊櫃，但後來覺得，為什麼不用更靈活的方法呢？於是想到了用皮箱的點子。「這個老件皮箱是在舊貨市場頗具盛名的簡銘甫開的加工廠買來的。我們相當喜歡這樣不過於制式又隨興的風格。」她們補充。

經歷過租屋時期太小、太舊、用起來不順手的生鏽餐桌,她們決定買房後一定要有一張夠大的餐桌。她們從台北的家具店一路看到台南,一直沒有找到尺寸與風格都合適又喜歡的。最後在網路上,找到了位於新竹古物店Natural n' Vintage的這張比利時單抽書桌。

√ 有養寵物的需求,更適合輕裝潢的彈性空間

在入住新家一年多後,原本沒有計畫要養寵物的兩人,開始養起了兩隻可愛的寵物兔芝麻與奶茶。為了迎接新成員,家中擺設開始出現變化,她們也更感受到輕裝潢與空間保持簡約所帶來的好處。

「兩隻兔寶雖然體型沒有貓狗大,但還是需要放風,讓牠們跑一跑的。再加上原本就不大的生活空間,需要瓜分給寵物的情況下,就會慶幸當初規劃時,沒有將空間做太滿,而是在LDK*用了許多可移動的家具。」

---

*LDK是Living room, Dinning room, Kitchen,也就是客廳、餐廳與廚房的縮寫。

下班女子家中的 LDK，是設計成開放式的起居空間，讓各個區域沒有明顯的隔牆、視覺得以延伸，在使用上也較具彈性。

「長餐桌可以飲食兼工作、攝影。最近因為太寵愛兔寶了，也有在思考是否把原來的古董木餐桌賣掉，換成更小一點的桌子。」

原本 Chi Chi 有點心疼當初千辛萬苦找到的古董木桌，但是 Lu Lu 說了一句值得思考再三的話：「空間應該更珍貴。」「如果這樣的變動，能換得更大的空間，並且增添新的元素，何樂而不為呢？」

而關於「如何利用家具，打造充滿個人特色之居家風貌」的訣竅，Lu Lu 特別提醒：「別被『成對成套』的想法所限制。」這觀念也與〈2-1〉章節提到「對比的重要性」不謀而合。

「透過混搭不同椅子、燈飾，或用老件來增加個性，就如同有個人特色的衣服穿搭一般，能讓你的家更特別、更能體現自己的品味，也能為生活帶來樂趣與成就感。」

面對家中收納，興趣廣泛的兩人說：「我們的個人物品都非常多。舉凡攝影器材、咖啡機器具、廚具杯碗瓢盆，但即使東西多，也不一定要做過多容易造成壓迫的收納系統櫃。」

「畢竟買房已不容易，我們都不是為了要讓東西住進去；空間裡最重要的是人。思考要如何佈局之前，不要害怕開放式層架容易積塵，因為居家的『空曠與簡約感』，也可能是養成你好心情的關鍵。」他們由衷地分享了這個心得。她們正是〈1-3〉章節中提到的，「先定義想要的空間，再來想儲物」的這種屋主。

最後，下班女子 Lu Lu 與 Chi Ch 提供了她們走遍台灣，從南到北，那些讓她們印象深刻的家具商家，下頁是她們推薦的名單（許多實體商家都有網路商店，也持續在不同城市展店，建議在造訪前可以先參考它們的網站）。

【木製與藤製家具】

▷ 台北：有木、好木、W2 Wood x work

▷ 台南：謝木木、拾藤

【老件家具】

▷ 台北：Delicate antique、Atelier 50、Homework Studio、NEODOXY
　　　　北歐觀點老件家具專賣店、秦境老倉庫、歐洲古董市集、覓
　　　　得設計、引体向上 Indigo、Vintage Americana 復古事

▷ 新北：Dan Retro & furniture

▷ 宜蘭：1970's

▷ 新竹：Natural n'Vintage、鉄古 T-GO

▷ 台中：Under Object 古道具傢俱、No.55 老物工藝 pickers

▷ 嘉義：舊美好生活器具古道具

▷ 台南：鳥飛古物、法國舊舊

▷ 高雄：屋物工作室

【復古家具】

▷ 台北：摩登波麗

▷ 台中：散步舖傢俱

【設計家具】

▷ Mountain Living（台北、台中）

▷ 夏馬城市生活（台北、台中）

▷ BoConcept（台北、桃園、新竹、台中、高雄）

【工業風家具家電】

▷ 台南：DnH Loft Design 電火工業風

【家飾品專賣店】

▷ H&M HOME、Zara HOME、Valena Boutique、Hübsch、HAY

「下班女子的討好人生」社群資訊

FB粉絲專頁

Blog網站

Instagram

YouTube

創造有幸福感的私密空間

以往能展現出屋主品味、個人風格的空間，逐漸由客廳與餐廳，延伸到臥室、書房及浴室。以輕裝潢為原則，打造出能伴隨著自己一同成長的家。

1

在軟裝的選擇中創造個性

——臥室——

Point 1 不太做裝潢，但幾乎都有床頭板或類床頭板

2019年買房時，我看了不下50間挪威公寓。

北歐臥室有個特色：除了衣櫥有時會設計成系統衣櫃之外，其他家具幾乎都是軟裝，臥房內的物件搬家時可以帶走。沒有太多固定在牆上的家具，屋主搬走後就空空如也。因此，下一任接手的屋主，便有了許多可以自由揮灑的空間。

其中，床頭板是相當常見的家具。它為「床的範圍」下了定義；在實用性上，它也能保護頭部不會直接撞到牆，可以給人一股安全感。因此，多數的臥室都會使用床頭板。

如果因某些原因而未能使用床頭板，有些人則會選擇用幾個大枕頭並列擺放來替代。

事實上，北歐普遍沒有看風水的觀念。而風水大多是為了消除大家「對空間感到不舒服的地方」，例如，睡夢中起床上廁所時，避免被鏡子嚇到；以及不希望一進門，整個家的格局便直接映入眼簾。

雖然北歐人不看風水，但為了讓心理與視覺上感到舒服，有時也會做出「剛好符合風水」的決定。像是使用能讓床的位置垂直降落、形成一個視覺焦點的床頭板。

現成的牛皮色格紋床頭板，有著與床單明顯不同的材質和紋路，增加了層次感。

沒有床頭板時，可用大枕頭替代，讓視線有個垂直可見的焦點。皺皺的亞麻也讓臥室更有生活感。

Point 2 織品絕對是臥室的主題

不知道大家是否會有一種感覺，就是自家的床，不論怎麼鋪，好像都沒有雜誌上好看？其實，我們的居家與雜誌最顯著的差異，往往在於織品的「豐富度」與「層次感」。

當臥室只有一個枕頭，擺在床的最上方；而枕頭以下空蕩蕩，只有一條單薄的棉被……這樣的床，就像一張臉只有眉毛，沒有五官。底下空了一大片，視覺上難免覺得空虛，好像少了些什麼。

相對地，居家雜誌中佈置的床，不僅有多元而豐富的織品，而且幾乎都有許多層次；眾多枕頭不時會擺到占床快一半的位置，比起只有一個枕頭，更符合〈2-4〉章節中所提到的黃金比例，視覺上也比較美觀。

四層枕頭，占床的三分之一處，讓床顯得飽滿而不空虛，
視覺上更接近黃金比例。

而究竟需不需要投資多樣織品，來達到「雜誌款臥室」的模樣，是個人的選擇。但我認爲，不論是多簡單或多複雜的佈置，床單、枕頭與床罩組的織品「材質與花色」，是絕不能被忽視的。

因為它們所占面積之大，幾乎定義了這是個什麼樣的臥室。例如，一大面皺皺的、充滿生活感的亞麻被單，訴說著慵懶自在的姿態，令人夢想著起床時，能悠哉地在鋪著亞麻床單的床上喝杯黑咖啡，看向窗外的風景，愜意地開啟新的一天。而同樣都是棉製品，若使用緞面（Satin）織法製成的被單，則會有柔和、略帶光澤的綢緞感，讓人不自覺優雅了起來。

人的一生，有三分之一的時間在床上度過，而面積占最大的織品顏色與材質，不但影響視覺與心情，更主導了我們的觸覺，包覆著我們的身體。

我由衷覺得，任何臥室的佈置或改造，除了枕邊人很重要之外，織品的選擇也需要用心物色。

埃及棉用緞面織法，比起亞麻有光澤也更光滑。由此可知，不同材質與顏色各異的織品，會給臥室帶來不同的氛圍。

Point 3 ▶ 看不太到化妝台的北歐臥室

剛開始寫「與凱西一起打造北歐風格的家」臉書粉絲專頁時，最常被問到的問題之一，就是「為什麼北歐臥室很少看到一整座化妝台？」

北歐臥室幾乎不會出現梳妝台的原因，除了臥室通常不是家裡採光最好的地方，而導致化妝時沒有最好的自然光之外，另一個最重要因素就是：市售常見的「一體成形」梳妝台體積太大，容易成為視覺焦點，甚至會給人一種方正的「書桌感」，不一定適合放在用來放鬆一天心情的臥室。

擁有梳妝台，且還能十分賞心悅目的臥室，梳妝台幾乎都掌握了一個關鍵：「解構」。

鏡子、桌面、收納，三者沒有一體成形，而是「分開」的個體，各別靈活輕巧，以減少不必要的材質；讓原本坪數不大的臥室，不但能維持簡約感，還可以融合個人巧思與特色。

關於「解構」的化妝台，〈居家故事3〉中漢娜的家，便做了良好的示範。

消失的窗簾？

挪威最大報《Aftenposten》，在2021年有篇室內設計的專題報導寫道：「六個重回流行、有復甦跡象的『復古元素』」，而窗簾就是其中之一。

讀至此，你可能會感到疑惑，如果窗簾是「復古元素」，那平時挪威人是用什麼來遮光呢？最常見的是「蜂巢簾／風琴簾」與「捲簾」，比起窗簾，它們都有著「用不到時，收起來幾乎看不見」的特點，適合講求簡約與實用的北歐家庭。

◆ 窗簾創造的多項對比，帶給我們「家」的生活感

起初我曾經以為，空間可以簡約就盡量簡約。既然家裡有蜂巢簾與捲簾，能帶來隱私與遮光效果，就不需要窗簾了。然而，後來我的想法有了一百八十度的轉變。

我家餐廳窗外有個花園，隔著花園可以看到對面的鄰棟建築。我原本以為可以由下而上拉出來的蜂巢簾，已經足夠了，但裝上亞麻材質的窗簾後，我卻震驚於窗簾對居家氛圍的改變。而使用窗簾的好處，有三點如下。

1. 光滑堅硬的牆壁上，有了窗簾柔軟又充滿生活感的織品後，空間會變得柔和起來。

2. 對外窗兩旁有窗簾的存在，會給人一種被保護的安心感。

3. 由天花板直接向下垂吊的窗簾，能讓家裡較為空曠的上半部有了其他色彩，視覺也能產生「上下延伸」的效果。

我相信，窗簾之所以被認為是重回流行的元素，是因為它為空間注入了高低與軟硬的對比，並且為天氣永遠微涼的北歐，增添幾許視覺上的暖意。因此，儘管北歐人每加一樣東西都要經歷「加法的斟酌」，就算有其他更簡約的拉簾、蜂巢簾等能取代窗簾的功能，還是有許多人願意使用窗簾。

有窗簾與無窗簾的對照圖。同一間臥室，有了大地色系、亞麻感的窗簾覆蓋在堅硬光滑的牆壁上，讓氛圍更加柔和溫暖。床上大面積的織品，也顯示出臥室織品舉足輕重的重要性。想像這張床的床單如果換成Hello Kitty圖案，氛圍是不是馬上有所不同了呢？

我家客廳有無窗簾的對比：儘管不太需要窗簾遮光或保護隱私的功能，
我卻很喜歡窗簾帶來的「家的氛圍」。

另外，我更偏好「把窗簾軌道安裝在天花板上」的做法，不僅可
以讓窗簾從天花板直接垂落著地，不會在窗簾至天花板之間露出
一截牆壁、形成不必要的視覺聲音；同時也讓視覺可以從地板到
天花板，得到完整的延伸。

我家的窗簾軌道與窗簾都不是訂製的，而是買家飾品店現成的亞
麻窗簾（詳見上圖）。至於窗簾的長度，我並沒有用針線縫紉，
而是用熨斗搭配窗簾附贈的「熨燙二面布用膠帶」稍微改短。其
實，許多東西在客製之前，都可以先參考市面上現成的選擇。

Note!

對於窗簾的長度，每個人的喜好不同。我自己則喜
歡讓窗簾著地約5到10公分，避免懸在空中，可以
顯得更加游刃有餘，傳達一種慵懶的愜意感。

2

簡約中保留需求與特色

——浴室——

Point ▶ 浴室的減法運用

容易潮濕的浴室，是最需要符合當地氣候來設計的空間之一。但不論是在哪個地區，浴室中最不賞心悅目的東西，無非是馬桶與外露的水管。

這是會被標註為「待整修物件」的北歐居家浴室：有著外漏的水槽下管線、體積較大的傳統式馬桶，以及明顯的瓷磚縫隙。

因此，嵌在牆上的「壁掛式馬桶」，與「結合收納櫃，以便遮住水槽下水管」的洗手台，成了許多現代人的選擇。

除此之外，浴室使用的瓷磚也有越來越大片的趨勢，而且不論瓷磚的尺寸大小，縫隙幾乎都不是黑色的。

而北歐浴室的另一種減法，體現在P.251上圖可開展的透明門上。

將乾溼分離的區域，設計成淋浴時向外展開，便可以形成正方形的洗澡空間；不使用時，又能向內收成三角形範圍，

不僅能節省空間，還讓原本坪數不大的浴室看起來更寬廣（需要留意的是，門下方與地板接觸的橡膠材質，在台灣較容易發霉）。

◆ 充滿個人特色的浴室潮流

以往最能展現屋主品味、個人風格的空間，也逐漸由客廳與餐廳，延伸到浴室裡。像是進入 SPA 般舒適、使用自己喜歡，但以往不太會出現在浴室的顏色，都是近年來浴室整修時，大家會考慮的方向。

牆壁與地板運用類似或相同的大片瓷磚，以降低視覺聲音，帶來和諧與平靜感。

2022年翻新完成的挪威浴室：大面瓷磚；不明顯的瓷磚縫隙；牆面漆上了從窗外引進室內的淡綠色；結合收納讓管線不外漏的洗手台；嵌在牆上、減少馬桶視覺體積的壁掛式馬桶等。步入時有股禪意，但又不致於標新立異。

◆ 浴室中加法的斟酌

浴室潮濕，不適合擺太多家飾品，因此，把浴室的日常用品，提升成好看又實用的品項，是讓浴室賞心悅目的關鍵之一。擺出時，更要記得「加法的斟酌」，善用洗手台下方的儲物空間。

在台灣，時常看到洗手台上，擺了一整排彩色塑膠漱口杯，顏色沒有經過挑選，質感也不是特別理想。而這樣子的漱口杯，在北歐幾乎買不到。我想，一個地方的生活美學，就如同正向循環一般：不美觀的東西沒人要買，所以很少商家在販賣；也因為商家不再出售不美觀的東西，大眾的品味便跟著提升了。

▲「減法的運用」與「加法的斟酌」並用的北歐浴室。

◀ 使用帶有紋路，但不至於令人炫目的瓷磚，搭配簡約的壁掛式馬桶，與設計感十足的淋浴組。

此外，在大片瓷磚為主的浴室中，織品的材質、紋路與顏色的選擇，也格外重要。我很喜歡北歐浴室會規畫至少一個「擦手巾」吊鉤的設計，實用又美觀。而在主臥浴室中，可能會掛上兩條擦手巾，男女主人各一條，大條的擦手巾也經常在洗漱之後用來擦臉。

我們家主臥室的浴室，特別挑選紋路明顯的擦手巾，為光滑的浴室中增添深度和層次。一開始我們用了純白毛巾，但對比之下，會讓淺色瓷磚看起來「髒髒的」。如果使用白色毛巾，在淺色瓷磚與白色織品之間，記得再墊另一層顏色的織品當作過渡。

因為北歐天氣沒那麼潮濕，浴室有時也可見到木質材料的選擇。即使以輕裝潢為主，許多北歐人仍願意花錢打造實用又有質感的浴室。

3

營造適合你的藏書方式
──書房&書櫃──

Point ▶ **書櫃堆滿了書或物品，如何避免凌亂？**

在〈3-1〉章節中，曾提到每年會舉辦的挪威室內設計金羽毛獎，共有林林總總13個類別的獎項，從最美客廳到最美顏色使用。但除了沒有最美玄關的選拔之外，也沒有最美「書房」的獎項。

原來，至少在挪威，公寓中有一間完全只用來辦公的書房，是相當奢侈又不常見的事。一般公寓最多有三個房間，許多書房（Home Office）會與客房、其他機能相結合，或設置在家裡的零碎空間裡。

◆ 被反過來放的書

我特別想跟大家分享的是，幾乎每個家裡都不可避免會設置的書櫃。

不知道大家有沒有發現，在一些居家雜誌裡，可以看到書架上的書會被「反過來放」。展示在眼前的，不是五顏六色的書背，而是一片雪白或米黃的書頁。

其原因是，書背的顏色往往繽紛，當大量的書擺在一起時，容易成為視覺焦點。

當窗外有迷人的景色，或是家裡有其他更具個人風格，或更值得欣賞的角落時，究竟書櫃要發出多大的「視覺聲音」才合適呢？此時，屋主就會有不同程度的調節。

◆書櫃的「位置」與書的「擺法」，反映閱讀對屋主的重要性

因爲書容易成爲視覺焦點，導致書櫃擺放的位置、書櫃上的書怎麼擺，很大程度反映了屋主對閱讀的態度。

一個熱愛閱讀的人，可以大大方方地在客餐廳等公共空間，擺上一座開放式書櫃。像圖書館一樣，展示出屋主對書本滿溢的愛。此時，書便成爲視覺的焦點——它不但是空間的重心，亦是屋主生活中很重要的一部分。

想像當親朋好友走進家門，第一眼就會被一大面五彩繽紛的書給吸引，接著好奇傾身向前，欣賞屋主心愛的讀物究竟是什麼。

相反地，當閱讀對屋主來說或許有意義，但生活有其他更在意、更能代表自己重心的事物時，視覺是否需要被一整面的書牆給綁架？這就很見仁見智了。這點也是〈居家故事3〉中，漢娜分享她在面對是否要在客廳客製一大座書櫃時，曾思考的觀點。

此時，許多人會選擇用其他方式來呈現書櫃，比方說，放在私密空間、做成有櫃門的書櫃，都是常見的做法。又或者使用無櫃門而開放式的書櫃，但「降低在其中擺放書籍的比例」，搭配裝飾品、有意義的紀念品等，讓書櫃變成一面「藝術牆」。

除了直立擺放的書，其他方法或許更爲適合：像是「躺著擺的書」、「斜著擺的書」、「書封面朝外擺」、「同顏色的擺一起」。有時，更動一些小細節，就能讓書櫃呈現出放鬆，且說不定更適合偶爾才讀書的氛圍。

在這個客廳中，你是不是第一眼就看到色彩繽紛的書櫃？這是因為其中書背的顏色多樣，容易產生較大的視覺聲音。再加上直立擺放，會形成一股豐厚藏書的學識淵博感氛圍。而這個層架上，書籍的比例高、家飾品的比例少；會選擇這樣的佈置，一看就知道是個愛書人的家。

居家雜誌上，有時候會看到這樣被反過來擺的書。比起書背五顏六色的書櫃，這樣的擺法讓書櫃的視覺聲音變小，把焦點留給空間中更值得注目的地方。

在餐廳裡的開放式層架上，運用茶壺器皿做搭配，降低書籍的比例；另外，右下角有一本屋主心愛的書，以封面朝外的方式展示，增加了趣味。這樣不把書放滿，很適合偶爾讀書的人。在佈置這樣的開放式層架或書架時，不要忘記第二章提到的「聚集」、「降落」、「對比」、「換氣」、「重複呼應」等技巧的交互運用。

「偶爾讀書人」的客廳：可以佈置一些躺著放的書籍，降低「圖書館感」；並且透過層架的裝飾，很自然地展示出主人的生活點滴，例如威士忌酒壺、醒酒壺、白酒杯與紅酒杯等。在北歐，觀察在客廳的開放式書櫃或層架，通常就可了解屋主的生活與他所關心的事物。

4

維持與時間共同成長的彈性
──小孩房──

> **Point** 跟著孩子一起長大的房間

我的挪威先生有個名叫漢瑞克的哥哥，家裡有三個就讀小學與幼稚園的小孩。漢瑞克夫妻二人雖然時常忙得不可開交，但每次去他們家，都會發現家裡的擺設又有了一些新的變化。

最誇張的一次，是我到了他們家，發現院子裡新建了一間小木屋！木屋內不但有影音設備，還有床。

「有時候把小孩都放進小木屋裡，我跟妳嫂嫂就可以耳根清淨一下了。」漢瑞克半開玩笑著說。而蓋這間木屋的不是別人，正是漢瑞克本人。

「你是怎麼蓋出這間木屋的？」我驚訝不已。「我觀看YouTube影片，邊學邊蓋的，當然爸爸也有幫忙啦！」漢瑞克神色自若說。

我來到北歐之後，便發現許多人都具備基本的木工能力──我的

挪威老公說，他國小的時候就有木工課，小小年紀就學會怎麼做鳥屋餵食器。而這樣的手作技能，也被很多人實際地運用在小孩房中。

挪威室內設計金羽毛獎每年的「最美小孩房」得主，很常出現城堡、溜滑梯等童趣十足的上下鋪──夢幻至極！這幾乎都是出自木工能力優秀的父母們。有時隨著小孩的成長，爸媽還會發揮十足的創意，蓋出鬼斧神工的東西。

然而，這樣的木工能力，或許普通人難以達成，但撇開來自木工傑作的小孩房，許多北歐小孩房還是有值得學習與分享的地方──也就是幾乎都以「軟裝並隨時可以移動的家具」為主，讓房間富有彈性，能夠隨著小孩的腳步，一點一滴地改變與成長。

通常小孩房用色相對繽紛，有些重視生活美學的父母還會幫小孩房的牆壁更換顏色，以創造不同的氛圍。而這間就是可以輕鬆將家具搬出去，以便幫房間牆壁換色的小孩房。

其中一邊用好移動的邊櫃，另一邊則用現成的系統衣櫃，讓空間保有相對的彈性。當小孩漸漸長大，可以睡單人床時，或許他還可以自己選擇要怎麼樣的床、床頭要朝哪邊擺。

當小孩不用再睡嬰兒床時，嬰兒床的位置也可以輕鬆地替換成書桌。

Note!

想要看更多小孩房，可以在IG上搜尋挪威文的「Barnerom」，或掃描下方 QR Code。

不完美的美好，
自行發包的老別墅改造

瑪塔一家四口的理想家園

Info

- 人數：一家四口。
- 室內實際坪數：39坪。
- 另有2個儲藏室共3坪。
- 一層樓獨棟別墅。
- 入住時長：6年。
- Instagram帳號：martekihlno（可掃描上方QR Code）。

初次見到瑪塔（Marte Kihl）的家，是在一本著名居家設計與佈置的雜誌上。第一眼看上去，彷彿是一間標準「簡約北歐風格」的居家。

然而，當我仔細一看，卻發現瑪塔家充滿了層層驚喜：淺淺的色調與橡木家具，在每個空間裡都有著令人會心一笑的角落。

瑪塔是兩位可愛小女生的媽媽。若只看到她在 Instagram 上那生活中的自然與美好，與專業拍攝的照片，可能會以爲經營社群媒體就是她的全職工作。

「我是在金融業的行銷部門上班。」瑪塔笑著解釋說。「但我拍照時，容易有完美主義的傾象。」

◆ 老別墅大改造：自行發包的瑪塔

瑪塔與丈夫在2016年時，買下這棟位於挪威奧斯陸西邊郊區的別墅。比起市區，這裡的空氣更爲清新，景色也更加自然寧靜。

但剛買下的老屋子，可是與現在清新的樣子大相逕庭。

「我們幾乎把家裡的每一扇牆都拆除，只留下房子的『外殼』。而且將屋子內的空間全部重新規劃，爲的就是要能夠讓它符合我們一家四口的生活。」

大幅度改造施工時的模樣。圖中窗戶爲前一頁平面圖中的最左上角，瑪塔大女兒房間的窗戶。

在改造的過程中，瑪塔雇用了一位擁有證照的室內設計師（interior architect）。

「設計師根據需求，幫我們初步規劃了家裡的格局。她甚至幫忙向政府申請，讓我們得以把房子拓寬。現在看到的玄關、主臥室與從屋外進入的儲藏室在買房時都不存在，是後來新加蓋的。」瑪塔的別墅並沒有想像中那麼大，室內大約39坪，但幾乎沒有任何被浪費的空間，也沒有過分利用而讓人覺得窘迫的地方。

尤其，我非常喜歡瑪塔家的玄關。打開大門，左手邊是一面收納功能充足的系統櫃。但在系統櫃之間留白了一塊，成為像山洞一樣的穿鞋座位區。而大門的右手邊，是一面隱密的、漆成與牆壁一樣顏色的門，門後則是洗衣間。

瑪塔請設計師將玄關長度規劃為3公尺，如此一來，就有現成的櫃子可以選擇。此處結合了IKEA家具：兩側是衣櫃，而中間簍空的穿鞋座位區則是廚房收納櫃。「這是從公婆家得到的靈感，但他們用訂做的，所以以貴上許多，並且在穿鞋區擺了面鏡子。不過，我想要溫馨一點，因此張貼了藍色碎花壁紙。」

入門後玄關右側是通往洗衣間的門，漆成與牆壁同樣的顏色後，幾乎不會讓人注意到。格子狀、來自摩洛哥的地磚相當特別，但又不會過分引人注目。

「我的兩個女兒都很愛踢足球，髒衣服可以在玄關直接丟進洗衣間，不用拖著泥沙在家裡到處走。」瑪塔說。

除了與設計師合作之外，瑪塔還自己找了電工師傅，與另一間可以包辦木工與水管工程的公司。設計師的工作，是協助規劃出理想的格局，除此之外，大到地板、廚房檯面與浴室材質的選擇，小到家具的擺設等，全都是瑪塔一手包辦。

整個工程大約花費三到四個月才完成，那時候每個禮拜，瑪塔幾乎都請了一天假來監工。「要實現夢想中的家，也許就需要像這樣親身參與吧！」瑪塔說。

緊接玄關後有個迎賓小客廳，也是鏡子擺設的位子。

◆ 每個房間都有隱藏的驚喜

瑪塔的家沒有落入公式化的窠臼，整個家裡都能看見她盡情揮灑，即興展現創意的巧思，而身在其中卻又讓人感到如此舒服。

「我想要每個房間都與其他地方稍微不同，擁有一些各自特別的元素。」瑪塔說。她把面對餐廳中的一面牆漆成了淺紫薰衣草色，牆前放了一張書桌，成為另一個工作辦公的角落。

餐桌尾端有一面最不顯眼的牆，瑪塔將它改造成居家辦公室。這面牆在過去六年間已經被瑪塔換過許多不同顏色。「如果我覺得看膩了，就會想要試試新的顏色，轉換家裡的氛圍！」瑪塔說。

紫色系被用在北歐居家的牆面或許少見，但這面薰衣草色的牆，卻不是第一個吸引我注意力的地方，更像是當你四處游移的目光剛好落在牆上時，會發現的特別之處。如果那面牆的顏色再飽和

一點，或是瑪塔選了「更顯眼的一面牆」來上色，整個空間的氛圍就會完全不同。

除了這個主題牆之外，瑪塔廚房牆上的兔子壁紙也相當有特色。

「每次看到這隻兔子我心情都會很好。」瑪塔說。同樣地，這隻牆上的兔子，因為位置、顏色、大小適當，並不是整個空間中過於突出的「焦點」，但目光流轉至此時，卻能令人會心一笑。

這讓我聯想到，曾經有台灣讀者朋友問我，她覺得廚房中島的壁面太空，所以想在最顯眼的一面印上「Prada」的品牌字樣做裝飾，不知道適不適合？

我的建議是，要成爲空間「焦點」的元素，或許背後都有些特別或有意義的故事——最好是讓你與家人、客人都不尷尬，並且與它所在的廳室要有點關連。

比方說，如果眞的很喜歡Prada這個品牌，或許可以參考瑪塔在「位置、顏色、大小」上的巧妙選擇。改成用Prada海報、精裝書，或是乾脆是擺放珍藏的Prada精品在牆上、桌上、櫃子上，而不是把整間廚房變成「Prada主題廚房」。

有些繼承下來或受人贈與的物品，別具紀念價值、想好好保存，但或許你並不想要它們成爲焦點，例如書法匾額等，也可以參考這樣的做法，放在不那麼顯眼的角落，它還是可以成爲家裡一個低調卻有意義的風景。

「我翻修的時候並不知道有下吸式的抽油煙機，不然就不會選擇這麼顯眼的了。」瑪塔語帶遺憾地說。而抽油煙機後方，使用的是與玄關相同的摩洛哥地磚，在洗衣間地板也是。雖然瑪塔的每個房間都有些小驚喜，她還是保留了具延續性的重複元素。

在廚房中使用礦物漆，刷出的不均勻牆面。

廚房在2016年時，被移到現在的位置，並且大幅度翻新。所有大型電器包括冰箱、烤箱等，都被整合到系統櫃門之後，讓檯面保持清爽。

◆「不完美」的完美

瑪塔家有許多角落與細節讓我著迷。「原來這樣的隨意感也能如此美麗。」

餐桌上方吊燈的白色電線就這樣從容優雅地懸掛著，插進天花板邊緣預留的插座。瑪塔覺得像這樣隨意垂下的電線，也是家裡的特色。

瑪塔家客廳的層架下堆滿了雜誌，那些雜誌並沒有特別放整齊，
就像有人隨手看完疊上去的。

客廳與電視廳擺放著瑪塔家四人的照片，其中的色調都經過了特別挑選。所以，儘管回憶長存，但回憶不是家裡的焦點，創造回憶才是。

「我稱之為『不完美的美好』。」瑪塔說。「很多事物不需要100%整齊、有秩序。一點點的不完美反而能讓一切更完美，就像自己買來隨意插在花瓶裡的一束花一樣。」

對我來說，瑪塔之所以能自信地創造出這些不完美，是因為她有深厚的基本功與美感涵養。就像音樂家們，也需要在基本功紮實了之後，才能更自由自在地即興演奏。

客廳的主視覺牆上，幾乎像是拼拼湊湊而成的藝術：不但有不同顏色相框的海報，還有瑪塔親手做的乾燥花圈，以及用麻繩垂吊下來的一幅畫。牆上是瑪塔自己用大把油漆刷，與廚房同樣使用「礦物漆」，所創造出來的不均勻感。而電視則被瑪塔「藏」在整個房子中最不顯眼的一道牆上，必須要走到客廳深處才看得到。

◆ 從別處得來的靈感，與自己動手做的精神

瑪塔的家有些地方看起來很像設計師的傑作，尤其是一些看似量身訂做的系統櫃。但不只是玄關，其實整個家的櫥櫃幾乎都是從IKEA買來的現成品。而可以坐下10人的大餐桌，也是瑪塔親手打造的。

瑪塔IG上點閱數最高的照片之一，是她夢幻至極的步入式衣帽間（Walk-in Closet）。她與她先生一人一邊，各有一整排的衣櫃。衣服從來都不需要因為換季，而存放在別處。「這些衣櫃都是IKEA的，只有其中一格是客製訂做的，因為剛好少了幾公分。」瑪塔補充道。

「我想要找一個剛好能對應落地窗長度的桌子，但這樣的桌子沒那麼好找，而且大桌子有時很昂貴，所以乾脆自己來做──我訂了一塊符合我心目中大小的木製桌面，然後接上Hay（北歐家具品牌）的桌腳。」瑪塔說。

瑪塔自己DIY的餐桌,以及混搭的餐桌椅。其中包含了丹麥家具大師威格納(Hans J. Wegner)設計的Y字椅、著名北歐家具品牌Hay的About Chair,以及其他小品牌的椅子。椅腳淡淡的一抹綠色,便是第一眼不會注意到,卻相當可愛的驚喜。

「我家裡有很多設計是從別處得來的靈感,並不是我一個人所想出來的。」瑪塔說。

瑪塔是個謙虛又誠實的人,但我對她說的「從別處得來的靈感」感同身受:就像要化出自然好看的妝容,要先知道原來有眼線筆、唇膏這些東西的存在。

室內設計與佈置也很類似,我們得先知道原來有這些可能性──有這樣的家具、材質、技法,而這些都需要刻意學習與用心觀察。看 P.275 上圖瑪塔層架下堆疊的室內設計與佈置雜誌,就可以略知一二。

而在還不知道足夠的可能性之前就要做出決定,是讓許多人感到害怕與不踏實的原因,也是我想要寫這本書的起心動念之一。

牆壁與天花板都漆成深灰色的主臥室,有種「屬於夫妻兩人的小天地」般的靜謐感。「這樣的臥室能夠讓我睡得安穩。但公共空間還是用淺色比較自在。」瑪塔向我說明。

◆ 在關心居家空間的環境中長大的孩子們

雖然已入住六年,但就像許多北歐家庭一樣,瑪塔家總是有「持續改造」的計畫,讓家裡更貼近不斷演進的生活。

她的兩個女兒，九歲的奧羅拉與六歲的奧莉維亞，擁有各自的臥室。我第一次拜訪時，瑪塔正打算幫兩個女兒的房間換顏色、換壁紙。「是兩個女兒自己要求的。」瑪塔笑著說。

「從小我就看著媽媽每週買鮮花回家，仔細地搭配、放置在家裡各個角落的花器和花盆裡。或許就像我小時候看著媽媽妝點家裡，我女兒也在我身上看到了這樣的生活態度。」

「耳濡目染之下，雖然我沒有特別教她們多關心自己的生活空間，她們卻不自覺地在意起自己的臥室。」瑪塔說。

有人曾經問我，為什麼許多北歐人都對居家設計與佈置那麼有概念。我想，成長環境的影響非常深遠。

從小就看著爸媽對居家空間如此上心的瑪塔小女兒們，或許在一路長大的人生旅途中，居家佈置的基本概念，早已不知不覺深植於心中。

我很喜歡瑪塔在每個房間最顯眼的一道牆，一間選素色，另一間使用壁紙。這樣的巧思與對比，讓同時映入眼簾的，不是兩面絢爛如花而過於炫目的壁紙。

另外,值得一提的是,我留意到瑪塔小女兒粉紅色房間的床,樣式十分獨特。「這是我先生小時候睡的床!它已經有30幾年的歷史了,但是塗上了新油漆之後,不僅風格別具,而且相當有意義。」瑪塔目光炯炯地說。

瑪塔女兒們的房間除了釘在牆面的系統衣櫃外,其他的床與書桌等,都是現成、好移動的家具。「儘管系統衣櫃有稍微固定在牆上,但要拆下也相當容易。」瑪塔說。

◆ 瑪塔的下一個「夢想中的家」:更多彈性與個人特色

或許很多人都會覺得瑪塔經歷親自設計、發包這麼大的工程,她現在的家,應該就是她「永遠的家」吧,但其實,瑪塔一家人正計畫要搬家了。

「整棟別墅都在同一個樓層，大家無時無刻可以看到彼此固然很好，但因為我的女兒們即將進入青春期，或許會需要一些各自的空間。」

當我問她，對於下一個「家」有什麼樣的想法時，瑪塔回應道：「我想找一個有兩三層樓、需要一些改造與硬體升級的獨棟別墅。這樣我們才能從頭一磚一瓦、設計成我們想要的模樣。」

而關於新家會出現的改變，瑪塔則說：「風格應該不會有太大變化。譬如我喜歡公共空間維持讓我們感到放鬆的淺色系，但我會加入更多具有個人特色的細節。比方說，我們現在的浴室，整間用的全是大面積的正方形淺色瓷磚，雖然沒什麼錯，但卻略顯普通，好像可以是任何人家的浴室。因此下一次，或許我會把其中一面牆留白，不鋪瓷磚，而是漆上防水油漆。這樣我就能隨心所欲，替浴室的牆更換成喜歡的顏色。」

瑪塔與她的家，在許多層面上都給了我相當深的啓發與靈感。她的家如其人：第一眼讓人感到放鬆、好相處；但當妳進一步認識她，有了更深入的交談後，會發現她擁有許多有趣且有深度的想法。我相當期待看到瑪塔的下一個新家！

從德步西的〈月光〉中
得到靈感

佈置新手凱西夫妻的調色盤

Info

- 人數：夫妻2人。
- 室內實際坪數：30坪。
- 另有地下室儲藏室2坪與車庫。
- 1930年代公寓建築。
- 入住時長：2年半。

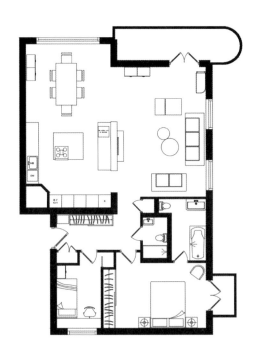

◆ 回家的路，從巷口開始

兩年多前，我們第一次來看房時，就
被空間中明亮平靜的氛圍所吸引。當
時，我們經過車水馬龍的馬路，拐個
彎進來家裡這條街後，突然悄然無
息，彷彿來到了遠離市郊的塵世。

挪威秋天微冷的空氣拂在肌膚上，沿
街矗立著高聳的樹木，樹林之間有昏
黃的街燈，街的盡頭還有網球場。這
裡讓在挪威長大的老公，與在台灣長
大的我，同時想起了小時候的家。

後來進到屋子裡──淺色的木紋磚、白色的牆面、浴室大片的米
色瓷磚。前屋主幾年前才剛翻新公寓，選擇了淺色系的材質，讓
身處其中的我們感到愉悅舒適。像這樣一路從巷口綿延至家裡的
「平靜感」，正是我們入住後，想妥善保留下來的氛圍。

搬進來的第一天，家裡是如此地空曠。因此我能夠想像，面對空蕩一片的家，一
定有許多人感到徬徨與害怕，可能會出現「想要趕快把家裡填滿」的心情，便急
著在短時間內購入所有家具。

◆ 給佈置新手的居家調色盤

從挪威10坪的舊家搬到30坪的新家，幾乎所有家具都因大小不合適，而被我們二手售出了。

身為佈置菜鳥，我們很幸運在搬進新家之前，得到家具設計從業者的寶貴建議：先搬進去、感受新家的每個角落、再來買家具（完整故事請見〈1-1〉章節）。

我們對沙發的想像，也從搬進來之前4.4公尺長的L型米色沙發，過渡到淺綠色沙發，最後住進來，經過觀察與感受過後，才決定選擇天藍色的模組沙發。

老實說，在北歐鮮少出現像這樣的天藍色沙發。其中很大的原因，跟木頭地板天生帶有黃色調有關，藍色與黃色的對比色，不是每個人都喜歡。若是我家的木紋磚中出現更多的黃色，可能我也不會選擇天藍色沙發。

搬進來兩年半之後的模樣，可與P.81沙發剛來時的照片做對照。其中的進步與領悟，都集結於本書中。

為了確保這個顏色特別的沙發，符合理想中的模樣，我們做足了功課。包含在下訂之前，帶著好幾塊不同顏色的沙發布料回家試擺，觀察一整天下來，光線的變化遷移，再三確認候選的顏色，在相異的天氣與燈光下，依然能呈現出我們想要的感覺。

比起好入眼的大地色系，有些特別的顏色，放在家裡看久了容易膩。然而，因為天藍色是我與老公從小到大都很喜歡的顏色，因此對它比較有信心。相對地，若是淺綠色、橘色、紫色等大型家具，我可能就會再三考慮。

此外，我也到Pinterest這個APP與網站上，用英文關鍵字搜尋「天藍色沙發」與家飾品搭配起來的照片。

最後決定以天藍色為主，木色、灰色、大地色系為輔，最後融合一點深藍與淡粉色來點綴，是我與老公都很喜歡的「居家調色盤」（可參考〈2-3〉中分享的「60:30:10」黃金比例）。

天藍色	亮灰色	日曬色	午夜藍	霧玫瑰色
Pantone 283 U *	Pantone 427 U	Pantone 727 U	Pantone 295 U	Pantone 698 U

＊此處選用最接近的Pantone色號，便於大家參考與查找。

心中有了上述的調色盤之後，當你要挑選家飾品或其他家具，就
會變得容易許多。包括客廳邊櫃上方我與老公共同創作的抽象
畫，便是選用了調色盤中的顏色。

當然，我也嘗試過調色盤以外的顏色。例如像〈居家故事3〉中
漢娜的家，使用藍色與橘色的時尚搭配，但後來發現這樣的時
髦感，不是我現階段想追求的居家氛圍。

◆ 理解、折衷與尋找解決方法：挪威與台灣夫妻打造跨文化的家

「我現在終於知道，為什麼你們家鋼琴擺在客廳這個位置了。」有次挪威朋友來家裡，在我彈了一首鋼琴曲之後，說了這番話。短短一句，便說明了不同文化對於空間上的想法差異。

從20幾歲搬離台北從小長大的家以後，我住的地方再無鋼琴。但彈琴仍是我人生中相當重要的一部分。我很享受能夠抒發情緒、連自己都被感動的瞬間。

我的挪威先生與他的父母都略懂鋼琴，也喜歡聆聽鋼琴曲，他的外婆更曾經立志要成為挪威最優秀的鋼琴家。因著鋼琴對兩家人的重要性，我們更篤定了「夢想的家要擺設一台鋼琴」這個念頭。

然而，我們卻為了鋼琴的選擇、應該擺放在哪裡，有過各自不同的見解。

在簡約沒有雜物的北歐居家裡，一台深色的直立式鋼琴容易成為客廳引人注目的焦點。

「如果是深色、直立式的鋼琴的話，我們要不要擺在書房或是臥室？」先生曾經這麼問我。「鋼琴就是要放在客廳啊，為什麼要放在臥室？」我一頭霧水地問他。「因為它體積太大、占空間又太顯眼，而且不好移動⋯⋯」我先生回答。

我發現，北歐人普遍都有著這樣的想法，不只我先生。面對這個問題，其實就像〈4-3〉章節中提到的書櫃與書一樣。家中擺放鋼琴的位置，與鋼琴的顯眼程度，反映了它對屋主的重要性。

雖然當時對於鋼琴的看法不同，但我們都沒有堅持己見，而是盡可能理解對方的立場，試圖找到折衷的辦法。因此，有一段時間，我們不停尋找「白色的直立式鋼琴」。直到發現由日本樂器商Roland與家具商合作開發的木製電子鋼琴──它在平常不開啓時，就像一張極簡的邊桌。

那時，我們終於找到了兩人都能接受並且中意的、可以放在客廳的鋼琴。時至今日，看著客廳，我明白了先生當初的疑慮：若是擺了一台深色的直立式鋼琴，整個客廳的氛圍便全然不同，空間的重心將會往鋼琴那端傾斜，不一定能達到我理想中的氛圍。

除此之外，從小鼻子容易過敏的我，長大之後雖然改善許多，一

天仍需要擤一兩次鼻涕。然而，抽取式面紙在挪威並不常見，大部分人家裡都只有廚房紙巾與廁紙，連IKEA或家飾品店都完全買不到面紙盒。如果缺乏觀察與理解的話，我大概會直接在客廳茶几，擺上一包抽取式面紙。

但自從明白「加法的斟酌」之後（可參考〈1-5〉章節），我認同面紙不見得是簡約空間中，必須時時被看見的用品。現在我家還是有抽取式面紙，但它被收在廚房裡最易取得、與腰同高的淺櫃之中。

兩個人，要共同打造一個家，除了聆聽、尊重、彼此理解，以找到雙方都能接受的方案之外，也可以試著尋找兩人共同喜歡的元素。比方說，前述分享過的「居家調色盤」，就是個用來溝通與達成共識的工具。

而作為佈置新手，除了這個調色盤之外，還有其他四個我認為很適合提供大家參考的想法與技巧。

要訣❶ 追求彈性的家：每個家具都有兩個以上可擺放的位置

身為居家設計的初學者，雖然我們做足了功課，但對自己的眼光沒有十足的信心，因此，如果家具來了之後跟想像中不同，我們仍希望保有多一些彈性，也想要探索不同的擺設可能。

所以，我家任何一件大型家具尺寸都是經過設想的——每樣家具在入手之前，我們都確定它在家裡除了有一個最適合的擺放位置之外，至少還有另一個可以容得下它的角落。

包括長方形餐桌的尺寸，可以在餐廳裡選擇直式或橫式擺放；木製電子鋼琴在客廳與餐廳都各有一處能容身；邊櫃在餐廳裡，也有兩面不同的牆能容納它。

當然，我們也經歷過不斷改變家具或物品擺放的過程。因應生活需求的變化，許多家具更換過位置。就連天藍色模組沙發，也是為了台灣家人來訪而做的準備，選擇了坐墊為正方形、可以自由拼成雙人床的款式。

要訣❷ 實用的家源自於創意，而有時只有親身體會過才想得出來

搬進來之後，好好感受真實的需求，再開始一步一步打造的家，其中的好處就是——更了解自己想在這個角落做些什麼。

我們的大陽台是個1.4公尺寬、5公尺長的空間。1.4公尺是多數人雙臂展開便會超過的寬度。讓我印象深刻的是，因為寬度沒有特別寬，前屋主說他們幾乎沒有使用過陽台。「連腳踏出去到陽台的機會都幾乎是零。」他們補充。

我們在樹梢光禿禿的冬季搬進來。入住後的第一個夏天，我發現大陽台後方竟是一片鬱鬱蔥蔥的樹海，景色十分迷人。

「如果這裡有兩個讓我們坐得高一點的檯子，我們就可以在陽台上看書喝茶。」為了這個「可以坐高望遠的檯子」，我跟老公苦惱了好一陣子，後來，決定自己蓋了四個椅凳。

這四個正方形高椅凳，長寬各55公分，高約60公分一拼在一起，可以當望遠歇息的高檯椅；而披上桌布，又可以當夏天在陽台烤肉宴客時，空間充足而大器的方桌。

第二間臥室，平時是我先生的辦公室，有客人的時候，則是可將單人床拉出，變成雙人床的客房。

疫情期間，先生的工作經常需要做線上的專業簡報演說，因此，雙螢幕以及高品質的影音設備都是必要的。而在牆上有佈置以前，這些黑壓壓的電子設備都是房間內的「視覺焦點」。所有客人第一眼都會注意到雙螢幕，以為我們喜歡玩線上遊戲。

試了幾次之後，我先生想要降低房間的回音、提升簡報的品質。然而，我們起初找到的都是比較「醜」的解決方式，例如在牆上安裝吸音海綿。

最後，終於讓我們找到丹麥商「可吸收回音的海報」。它們被我設計拼成了海報牆。因為要兼顧「專業的書房」與「讓男女客人都不覺得尷尬的客房」兩項功能，海報刻意使用了中性的主題與顏色。

床鋪也用灰色床毯蓋住，並且將棉被收在底下櫃子中，好讓工作時，床看起來更像沙發。這樣實用與創意兼具的牆上藝術，遮蔽了電子設備的醜，讓電子設備不再是空間的焦點。

玄關看似一體成形的設計，其實是我們DIY的結果。我們使用了IKEA系統櫃做收納，置物椅是裁切自同款系統櫃的門板，再加上IKEA現成椅凳的椅腳，做成了穿鞋與進門置物用的椅凳。

我觀察過客人進入我們家的使用體驗，發現：幾乎沒有人會注意到玄關有什麼東西。大家都迫不及待地直奔客廳——沒人發現系統櫃，也鮮少有人留意到牆上的相片與海報。

相反地，客人大多是在準備回家時，再次經過玄關，才會注意到其中的玄機，而這正是我們想要達成的效果。畢竟，沒必要一進門時便在玄關踱步，或品頭論足牆上的回憶照片；而是在與我們共度時光之後，臨走前才看到相框牆的小巧思，然後多駐足幾分

鐘，留下與我們之間更多的回憶。

會產生這樣的效果，除了玄關剛好比較暗之外，沒有把手的系統櫃，平時看上去就像一面牆，再加上搭配了色系類似的木頭相框，讓玄關沒有什麼特別突出的視覺聲音——也成了一個實用性充足，但可以快速通過的區域。

我一直想要有一棵高大的植物，為客廳上層的空間增添綠意。後來，買下了這棵讓我聯想到熱帶台灣的棕櫚科豪爵椰。

在豪爵椰所在的客廳角落，我們原本想要增加一盞立燈，當作裝飾和情境光源。後來發現，這樣充滿熱帶風情、細長開展的葉子，很適合搭配由地面往天花板向上探照的燈光。安裝了自動開關後，這樣一盞浪漫、抒情的燈，會於天色漸暗時自動開啟，在我們睡前自動關閉。

夜晚隨著耳邊的音樂，夫妻二人躺在沙發上聊天，比起來自頭頂

的光，這樣的光源更恰如其分。它是我們入住一年多之後，明白自己在客廳的需求，才決定加入的，同時也是我最喜歡的一盞燈；而入夜後，樹梢映照在天花板上搖曳的樹影，更是家裡令我感到舒適放鬆的風景之一。

要訣❸ 家具慢慢添，不急著一次買齊

雖然不是有意為之，但我們的家具幾乎都不是在同一間家具行買的，也幾乎沒有相同品牌的家具。它反映了我們認真尋找家具的過程，沒有任何一樣隨便買來的東西。

同時，因為這些不同氛圍的家具，經過精挑細選之後，也增加了〈2-1〉章節提到的「對比與差異性」。從最有感覺、最確定的家具開始，對我們來說，剛好是最大件、顏色也最特別的天藍色沙發。而其他家具便圍繞著它，慢慢地添加進來。

過程中，我們甚至去家具店借過很喜歡，但又沒那麼篤定的單椅與餐桌椅，回家試擺一兩天，感受氛圍。整個家從入住當天空蕩蕩一片、只有一張床鋪，到接近今天的面貌，整整花了三、四季的時間。

如果要嘗試不熟悉的穿搭風格，一次在購物網站上買齊的話，並不容易想像它們拼湊起來的效果；而一步一步地添加，才能讓你有機會先穿著新褲子，再來思考上衣的搭配。

另一方面，也如同剪了新髮型：新家具剛搬進來，或者家裡有新變動時，記得給幾天的時間來讓眼睛適應，不需要急著下定論。

主臥的浴室，搬入家裡第一天 vs. 現在。

客用衛浴平時不太用來洗澡，因此較為乾燥。我們找到一張喜歡的海報，擋住水箱，也當作小空間中的一個視覺焦點，讓開門的瞬間有一點驚喜。

要訣❹ 想像「慢鏡頭緩緩游移過你家每個角落，配樂會是什麼」？

「妳家佈置的靈感來源是什麼？」這是2021年，接受《Apartment Therapy》雜誌採訪時被問到的問題。

我思考了一會兒，回答道：「我家的靈感來自法國作曲家德布西的〈月光〉（*Claire De Lune*）。我希望家如一首和諧平靜的曲子，平日適合當作背景音樂來播放。」

「這首曲子譜寫得美麗又巧妙，有高潮起伏與令人摒息的小節，所以若放下手邊的事來專注欣賞一段獨奏，也不會感到無聊。」書中我多次提到「視覺聲音」的概念。若你仔細觀賞與聆聽，每樣東西在空間中都有各自的聲音。

我家的擺設，組成了平靜的德布西的〈月光〉；而〈居家故事1〉中有一大片書牆的伊莉莎白，她則形容自己家在不同的天光與心情之下，主題曲是挪威歌手Susanne Sundfør的《Ten Love Songs》專輯。

我有時會一邊播放著〈月光〉，視線同時緩緩掃過家裡，就會發現哪邊可能「需要再加強」、哪邊可以「再收斂一些」。

或許每個家都有一首主題曲；家如曲，而曲也將應和著家。你家的配樂是哪一首曲子呢？

◆ 「這真的是屬於你們的家！」是最好的讚美

我家不是最有設計感，也沒有多了不起，但它是真真切切「只屬
於我們的家」。

「你們的家和你們很搭。（Your home fits you perfectly.）」是我
聽過最喜歡的讚美。家裡沒有讓人覺得尷尬的物品、沒有任何為
了營造某種不屬於我們的生活，而刻意擺出來的東西。

曾經，老公看到有些北歐家庭，會在邊櫃擺上華麗的威士忌壺與
酒杯，也想嘗試這樣的佈置，但對於不太喝威士忌的我們來說，
這並不是生活中自然真實的面貌，最後便因此作罷。

身為佈置新手，我們尚未有累積多年、充滿回憶、可以用來佈置
家裡的收藏品。然而，與其在短時間內大量買足家飾品，我決定

用眞正讀過的雜誌、精裝書或燭台等等來做佈置，把日常生活眞正會使用到的東西升級成實用又好看的版本。

我們的家，也與自身的穿搭風格、個性與價值觀很相似：人生現階段，我們鮮少有過於顯眼的首飾或配件；在團體中，通常不會一瞬間成爲光芒萬丈的焦點，但若被點名發言，或單獨談話時，又能感受到有趣的思想和靈魂。

我希望，不論家怎麼變化，都能反映我們當下的成長、個性、品味與需求。

◆ 永不停歇的改造，照片只是瞬間的截圖

採訪〈居家故事〉當中的伊莉莎白、漢娜與瑪塔時，都遇到同樣的問題，就是「何時要拍照」。因為不論搬進去多久，只消一兩個月的時間，家裡可能又有了新的變化。

雖然入住至今才兩年半，但我家面對何時拍照，也有同樣的困擾；有些欲進行的大大小小改造，無法在成書之前完成與收錄。

比方說，兩年前我們很喜歡的白色廚房，隨著品味的變化與成長，10幾年前流行的「表面會反光」的白色廚櫃，如今的我們卻覺得稍稍缺乏了溫度感。與其整個拆掉重建，我們先嘗試用噴漆的方式，把廚櫃改成淺灰色的——這是我從北歐居家雜誌中採訪的家得到的靈感。

此外，我們希望能將客廳牆上的壁爐，用裝飾木條遮蓋起來；電視牆也計畫使用相同方式，不使用時則藏到木條櫃之後。

大陽台的地板，我們想用木板架成與客廳地板等高，並漆成與客廳木紋磚相近的顏色，夏天時敞開門，讓陽台看上去就如同客廳的延伸。

我也希望未來，能在家裡融入更多反映成長背景、更具有意義的台灣元素。像是書法、祖父母留下來的雕刻或家飾品等等，都是我想持續嘗試的方向。

我想要臥室有一張台灣夜晚街景的海報，但一直找不到稱心如意的。直到爸爸拍了一張我從小長大的街景照片，我把它經過應用程式處理後，變成海報列印出來。對我來說，這份牆上藝術不但獨一無二，且別具意義。

◆ 不論去哪裡旅遊，都會回憶起家的美好

我在新加坡工作時，曾經租下某公寓中的一間房間。當時我沒有用心佈置，只把它當成睡覺的地方，而不是「家」。那時的我很喜歡出差，因為可以住在比家更舒服的旅館。

現在我們出遊之前，一定會把家裡恢復成〈1-7〉章節提到的「狀態0」，那個理想生活最美好的模樣，都呈現在本篇的照片裡。

這讓盡興而歸之後，再次踏進家門，眼前便是平靜整潔的家。同時，也讓開門的瞬間，成為與遊山玩水一樣值得令人開心的事。

「就算去旅行，住在很好的飯店，但如果有任意門的話，其實我不介意每天回家休息，隔天再繼續旅遊。」有天我這樣跟我先生說，而他也深有同感。當時語畢，我立刻意識到，這樣一步一步用心打造的「家」，讓身處其中的人，能獲得好好生活的能量，也令人珍惜並且感激所擁有的一切。

不論你的家是什麼風格、使用了哪些佈置技巧，我在這本書分享的都是觀點，而不是絕對的真理。只要你的家，是個能讓你舒服的、放鬆的、能夠享受生活的地方，就是一個屬於你的家。

　我們無法掌握生活中會發生的所有事物，時而困難，時而順遂。
雖然物質不是生活的一切，但美好物質營造出的舒適氛圍，卻是
我們可以掌握的。它讓我們不論處在何種心境，一回到家、踏進
門，都能感覺被自己的家支撐著一樣，可以得到繼續向前邁進的
力量。

植栽的選用
及搭配方法

沒有永遠「好養」的植物，也沒有天生的綠手指

我30坪的家中，約有20至30株植物。雖然我沒有綠手指，但每天有空，我都會巡過一回，看它們生長得如何；而在與植物與大自然為伍的環境中，能讓我感到相當放鬆與安心。

植物新手們，時常會想從特別「好養」的開始入手。仔細想想，所有室內植物，全都是被迫離開原生地，甚至跨過半個地球，才來到我們家裡。不管是濕度或光線，一切都跟原生環境大相逕庭。就好像把人丟到外太空或海底一樣，如果不付出特別的關懷，植物們怎麼會過得「開心」呢？

而所謂「好養」的植物，如果是期待只需要澆水就能長得好的話，那世界上似乎找不到。回想起兩年多前，我還是個植物新手；兩年後，除了澆水之外，我們家幾乎所有植物，全都經歷過「換盆、施肥、除枯葉、除蟲」的過程。

如果把「好養」定義成「以上這些行動不需要這麼頻繁處理」的話，我覺得黃金葛、龍血樹屬（Dracaena）與紫露草屬（Tradescantia，也可以翻譯成水竹草屬），可能會比較符合這樣的需求。

垂吊類的植物，例如邊櫃上的黃金葛，給人一種浪漫、隨性的感覺，會為你的空間增添對比與不可預期性，很推薦大家嘗試。釘牆的層架上方則是紫露草屬的霓虹水竹草，是我們家「居家調色盤」中粉紅色的來源之一。

原產地是巴西的飄香藤（Madevilla amabills），可以忍受的最低溫約在攝氏 7 度左右，是台灣常見的戶外園藝植物之一。

而有時，我們對植物的悉心照料，也會收穫意想不到的回報。比方說在北歐，園藝店只會在夏天賣飄香藤，它普遍被當成一年買一次，適合於夏季種植在陽台或戶外的植物。兩年前的秋天，我不忍心看它受凍，把它帶進家裡，放在光照充足面南的窗邊。冬去春來，隔年的夏天它橫著爬過我一整扇長3公尺的窗。

然而，不一定每個人都喜歡照顧植物，混用人造植物也是可以考慮的方向，但我通常會選擇質感好一點的，並且放在較高處或較低處，避免與視線過近的地方——讓眼角瞥見一抹綠意的同時，不會太強烈感受到它們的人造味。

Note!

北歐氣候與台灣迥異，可以參考臉書社團「植物之家」、「我家有個植物園」、「龜背芋雨林植物交流社」、「觀葉植物迷交流站」的討論。

造訪過一萬間家庭的挪威攝影師安妮

——讓人難以忘懷的北歐居家共通點

疫情趨緩，時隔兩年，我終於又在倫敦出差的地鐵上。此時，挪威那一端傳來軟裝師安德斯公寓改造案的成果照片（詳見〈獨家訪談1〉），雖然聽起來有點誇張，但「驚掉下巴」是我當時在地鐵上的表情。

正因為我親臨過現場，更能感受到照片裡保留下來的真實：「這就是我親眼看到的公寓，沒有被加上任何濾鏡，卻又比我曾經見識過的更美！」——這可以說是我從來沒有過的全新感受。

儘管地鐵上訊號微弱，我還是舉起手機、尋找訊號，迫不及待想一探究竟所有的照片，也很期待看到改造前後的對比。這間公寓的佈置，除了安德斯是幕後最大功臣之外；這些真實而美麗的照片，則是出自挪威居家攝影師安妮・安德森（Anne Andersen）之手。

✓ 意外成為攝影師，卻又是命中注定

安妮是個笑容爽朗、親切又專業的人，同時也是兩個女孩的母親。她在北歐的居家與房產攝影產業已經有 14 年工作經驗，造訪過上萬個北歐家庭，本書中除了我自行拍攝以及有特別標示的照片之外，皆為安妮的作品。

和她相處，幾乎有一半時間都聽得到她爽朗又充滿感染力的笑聲。然而，她成為攝影師的過程，卻有點像是電影情節一樣。

安妮的父親年輕時，相當喜歡攝影，從小她與姊姊便經常隨著父親，拿起相機拍照，「但都是拍好玩的而已。」大學時，安妮本想攻讀「社會人類學」，但有次回老家，她打開了滿是回憶的閣樓，意外地翻出爸爸年輕時使用的老式相機。

「在我摸到相機的瞬間，兒時的點滴都湧了上來。於是，我請爸爸教我怎麼使用這台相機、怎麼在暗房洗底片等等。很快地，我對攝影的熱情，就被喚了回來。」安妮笑著說。「接著，我就毅然決然地去學攝影了。」

至於，問到安妮是否一開始就接拍居家跟房產的照片。「不是喔！我剛開始拍的是人物，接了許多婚禮攝影跟畢業照的案子，那個時期簡直是我的噩夢！」安妮大笑。

「因為不管我拍得如何，大家永遠只會關注自己的臉。客戶總會發出：『啊！我這張表情看起來好奇怪。』『我看起來好胖。』等等」安妮說。

畢業照更是讓安妮頭痛。挪威的小朋友，不是只有國小或國中畢業才拍照，而是每個年級畢業時都會拍照。

「雖然我很喜歡小孩。但這份工作有時就像機器人一樣，孩子們魚貫而入，拍照完，再換下一個……我發現，如果再繼續這樣下去，可能會讓我失去對攝影的熱忱。」安妮說。

因此，後來接觸到居家與房產的攝影之後，安妮才突然覺得找到了自己的天命。

「我愛死這份工作了！這麼說，好像顯得我是很無趣的人，但世界上還真的找不到其他我更想做的事情！」安妮不帶遲疑地形容。

✓ 北歐居家風格，與房屋買賣市場的變遷

安妮現在最主要的工作，是幫挪威即將出售的房子，拍下專業照片。在 14 年前，當安妮開始從事居家攝影時，這個產業鏈還沒有現在如此完整。

「十幾年前北歐人賣房時，大多是自己拍照，也沒有那麼多人會請像安德斯這樣的軟裝師來佈置家裡。」可以想像，當其他待售的家不僅賞心悅目，還有專業攝影師的照片加持時，相較之下，沒有經過好好設計與佈置的家，幾乎輸在起跑點上了，甚至可能根本不會有人去看房。

如今待售的房產，幾乎看不到屋主隨手拍照就上傳平台的了。炙手可熱的攝影師安妮，每個工作天都有將近兩個以上的攝影案件。然而，有許多北歐居家攝影師，會在拍完照片之後，並非親自進行修圖，而是外包出去——這樣在一覺醒來的隔天，照片就完工了。

「我也曾經這樣做過幾年，但後來越來越不喜歡這種感覺，好像自己的工作少了一層意義。因為攝影師想呈現的氛圍，只有自己親身經驗，才能編輯得出來。」安妮補充。「因此現在所有的照片，都是我自己全權處理。」

「而對我來說，所謂北歐風格的居家，就是乾淨、簡約，以及融合不同的元素。」安妮接著說。「融合不同元素是指：通常不會整間都是相似的材質，甚至新舊物件會並存在同一個空間裡。」

十幾年的工作經驗下來,安妮也見證過潮流起起落落。於是,我問起哪些特色不太容易退流行,安妮則歸納出以下三個會持續下去的潮流。

① 視線中沒有過多雜物的簡約精神。
② 使用植栽綠化空間。
③ 新舊融合。

「事實上,新舊融合一直都是北歐居家很重要的精髓,但十幾年前,或許仍有部分人會覺得,為什麼新家要用舊的東西?但現在幾乎沒有人會懷疑這件事了。」

接著我問安妮,是否有些潮流是她不太欣賞的?

「幾年前,曾經很流行主題牆的設計——就是挑家中的一面牆,漆成不同的顏色。但現在已經沒那麼常見了。其實,我沒有不喜歡,但我時常覺得有些人『挑錯牆』,或是把牆漆成一個莫名其妙的顏色,反而讓它產生了有點詭異的視覺聲音。」安妮笑著說。

✓ 能讓安妮驚嘆的北歐居家共同特點

我問起安妮，對這本書裡我們一起造訪的〈居家故事〉的佈置有什麼想法。「風格與美醜當然很見仁見智，但就這些屋主對自己居住空間的熱情與完成度，可以說是排名在前10％。」比起平均值，安妮覺得這些居家有更細緻的規劃和巧思。

「落在平均值的家，可能我走進去之後，有些地方會讓我覺得好像還未完成，或是某些角落或設計，有時候會令我感到疑惑。」安妮說。「還有，可能是屋主對Styling並沒有那麼得心應手。」

薰衣草色、藍色、橘色、粉色、黃色的搭配與重複使用，獨樹一格卻又不突兀，是讓安妮印象深刻的一個家，也是在北歐少見「讓地毯成為主角」的客廳。

造訪過上萬個挪威居家的安妮，整理出讓她特別受到吸引的三種類型。

1. **有特殊顏色搭配**：有些居家使用的配色並不尋常，卻合情合理又賞心悅目，讓人一踏進屋裡，便會忍不住發出驚嘆聲。

2. **富有個人特色**：能讓人強烈感受到屋主的個性、他們的品味與生活在這裡的模樣。

3. **有一到兩件經典的設計師家具**：是現代或者流傳許久仍不退流行的設計。

「雖然這可能比較像歐洲大陸的居家佈置風格，卻充滿了個人色彩，相當令我難忘。」安妮回憶道。

「倒不是說只要用了經典的設計師家具，就會讓我驚嘆。而是通常這樣的家具，不是屋主家族歷代傳承下來的，就是屋主花了不少錢，全新或二手購入的。」安妮補充說明。

這些家具之所以是經典，是因為他們有些特殊設計與美好之處，當然也價格不斐。「決定使用這些經典家具的屋主，往往有獨到的精準眼光。」

客廳靠牆的角落，這張由瑞典家具設計大師布魯諾・馬森（Bruno Mathsson）設計的Jetson休閒扶手椅，是安妮最喜愛的經典之一。

安妮也提起了她鍾愛的經典家具，列舉如下：

· 挪威設計師英格瑪·瑞琳（Ingmar Relling）的 Siesta 單椅。

· 丹麥家具設計大師漢斯·威格納的 The Round Chair （又因1960年美國
  總統候選人甘迺迪在辯論會上坐過，而有 Kennedy Chair 或總統椅的暱
  稱）。

· 挪威設計師安德烈亞斯·恩格斯維克（Andreas Engesvik）設計的 Bollo
  餐椅。

· 法國設計師米歇爾·杜卡洛（Michel Ducaroy）設計的 Togo 沙發與單
  椅系列。

✓ 大人感成熟系的北歐風格居家

看到這裡，大家或許會發現，所謂的「北歐風格的居家」，即使承襲了第
一章到第四章，對空間佈置的想法與技巧，但各家的個人風格與氛圍依然
有極大的不同。

安妮補充了其中一個本書〈居家故事〉中未採訪到的風格，是屬於「經
典、成熟、大人系」。

「這種成熟系的家，可能使用了一些經典設計家具，或是整個空間看起來
比較奢華。譬如說，廚房與地板的材質、樓梯的設計、大件的藝術品等
等。不是為了炫富，而是因為屋主深知自己的需求，所以他們願意付出相
應的金錢。」

「這樣的家，其實在丹麥更常見。」安妮說。對此，我深有同感。平時我
經常翻閱北歐居家雜誌，儘管丹麥文與挪威文聽起來不同，但寫起來十分
相似，所以我曾經誤買過幾次以丹麥文寫成的居家雜誌。回家翻開後，便

驚訝於他們居家生活的美好。

「丹麥有許多著名的家具設計師，挪威在居家設計與佈置的成熟度，可能還稍微落後丹麥一些。」安妮解釋。

✓ 想讓居家照片更美好而真實的堅持

安妮自然且美好的作品,在挪威居家攝影中,是獨樹一格的清流,也讓這本書裡的照片,真切地呈現出北歐居家的動人舒適,如同一場視覺上的饗宴,卻沒有因過於夢幻而不夠真實。

「其實,我覺得自己人生的目標,就是讓居家照片更加真實而美好。」一次聊天中,安妮不經意地說出這句真誠的話語,讓我感到無比地震撼。居家攝影對於安妮來說,不只是一份工作而已,更是她人生熱情的所在。

儘管有時候,我們不免懷疑自己每天的努力,是否真的有對這個世界做出貢獻。而我想,不知道有多少人,正是因為安妮拍攝的照片,傳達出了房子真正的溫度與靈魂,才有機會買下夢想中的家。

因此,只要用心以待,我們的所作所為都能為世界帶來一些正向的改變,我始終這麼相信著。

安妮的Instagram帳號 ▶

品味與美感不是與生俱來

以為自己「天生沒有美感」的人，都是潛力股

英國創作歌手紅髮艾德（Ed Shreeran），曾經在脫口秀上播放自己成名以前，錄下的自彈自唱曲。據他所述，那段練習從未公諸於世；在他按下播放鍵之前，甚至緊張地握住主持人的手。

在錄音的一開始，是正常的吉他旋律，但等到艾德聲音出現，全場觀眾包括主持人都發出了難以置信的驚嘆。因為，艾德唱得實在太難聽了！

「人們總是誤以為藝術家出生就有才華，但並非如此。你需要學習，還需要練習！」艾德說。

而打造出熊本熊、曾獲世界三大廣告獎的日本設計天王水野學先生，也在《品味，從知識開始》一書中，闡述自己的品味是後天培養出來的。他寫道：

> 品味本身一點也不神祕，也不是只有特別的人才擁有的天分。了解方法，做好該做的事，花費需要的時間，每個人都能有品味。
>
> 我想告訴各位的就是：我跟你擁有相同的品味，差別只在於怎麼去培養，怎麼去運用，及怎麼去鍛鍊。

◆ 給覺得自己「天生沒有美感」的人

時常看到一些讀者洩氣地說：「這些北歐家庭好美，可惜，我天生沒有這樣的美感。」然而對此，我卻有不同的看法。

首先，美醜雖然主觀，但人類對於美醜仍有些共同的感受。比方說〈2-3〉章節提到的黃金比例，是普遍讓人覺得舒服的比例；有些研究也證實，新生兒會花更長的時間，凝視一般人覺得好看的臉龐。

我想表達的是：真正沒有美感的人，是不會意識到自己沒有美感的，也不會說出「我天生就是沒有美感」這種話。既然你能察覺到別人的家很美，自己家似乎沒那麼好看——這就已經證明了你的美感是真實存在的。

或許，你只是暫時不知道該如何達成心目中的美而已。換言之，所有覺得自己「天生沒有美感」的人，都是內心存在著無限美感的潛力股！

◆ 鍛鍊美感的過程，如同任何的學習經驗

讀書時，若只是翻書閱讀，不一定能夠學得深入。搭配解題與實作練習，通常效果更好。或者我們穿搭時，如果只是參考時尚雜誌，也不一定所有衣服都適合自己。回想自己從青少年時期到現在的穿搭演變——不就是個每天反覆練習的過程嗎？

同理，想要讓家裡更加美好舒適，若只是儲存網路上好看的照片，效果也相當有限。你需要的是刻意練習：不停地分析、嘗試與調整。

此外，我在寫書與採訪的過程中，還發現一件有趣的事情：所有居家佈置的網紅與設計師，都沒有「我家就是最棒」的想法。當我提到書中的採訪對象，他們幾乎都會表示自己也很喜歡其他人的風格，如此這般地惺惺相惜。在居家設計與佈置領域，挪威人幾乎都懷抱著相互觀摩與欣賞的心態。

若你覺得自己的家就是最棒的，靈感與知識可能也會停止湧入，導致你無法再繼續進步。

◆培養美感的第一步：把自己家當成「普通」

美感與品味難以衡量，有時也不容易精確說出其中的好壞。

然而，如同水野學先生提到的：「要打造出有品味的東西，第一步就是要了解什麼是『普通』」。普通，不是大眾意見，也不是一般常識。而是問問自己什麼是好與壞，介於兩者之間的，就是普通。

我剛搬來北歐時，手機裡存著滿滿的北歐居家照片。因為缺乏經驗，每個家庭對我而言都宛如仙境、美不勝收。而我會看著照片，想想自己為什麼會覺得它們美，並且動手試試看。

經過幾年的學習，現在我依然把我家當成「普通」；但因為把「普通」的標準稍微提升了，並不是每個家都會讓我覺得無比動人，而手機裡也不再是滿溢出來的照片了。

當然，我仍會不自覺地去思考，若這個居家氛圍比普通好，是好在哪裡，適不適合用在我家；而若比普通差，我又會如何調整。

當你覺得好的東西漸漸減少，並且能更迅速且準確地說出一個「好」的家讓你欣賞的地方，與一個差強人意的家可以調整之處——這就是你品味提升的證據。

◆ 這不是你第一次設計與佈置居家：所有創作經驗的共通之處

小時候，我曾經學過書法。雖然寫得普普通通，但學習書法卻讓我更了解每個字的結構與比例。而我對書法字架構的理解，也被

運用在平時寫硬筆字上。如果沒有臨摹字帖的話，我的書法字就跟平常的字跡幾乎一模一樣。

後來我發現，其實所有「無中生有」的創作過程，包含寫書法、從素顏到完妝、調整鏡頭到拍下照片，甚至是一步一步從零開始打造的家，彼此的經驗都是息息相關的。

換句話說，以往你所有的創作經驗，其實都可以被應用在居家佈置中，以下舉幾個例子給大家參考。

化妝

目的是隱惡揚善，吸引他人注意該注意的地方。例如，畫眼線是為了讓眼睛更有神。深色窗框、櫃子形成的框、畫框都是同樣的道理，包含窗戶兩側的窗簾也是一種「框」。想想，框中是你想強調還是想藏起來的東西？

穿搭

若想要腳看起來更長，你會選擇與褲子同顏色的襪子和鞋子；而與褲子顏色不同但精緻的襪子與鞋子，則會讓你看起來很有型。同理，牆壁色調和整體的居家氛圍，都會影響到你如何選擇腳踢板的顏色。

攝影與繪畫

攝影師和畫家，擅長運用取景或構圖來凸顯作品的主題，並且同時維持畫面的平衡。而居家設計與佈置，也是一種「用物品作畫與構圖」的過程。想像自己家位於鏡頭或畫布之下，更能幫助你找出缺少或多餘的物件。

音樂與寫作

一首好聽的歌與動人的文章，其中包含了抑揚頓挫、高潮起伏，與起承轉合。以居家佈置的角度來說，若是家裡太多重點，容易讓視覺變得混亂，甚至失去可以換氣的空間。

使用者體驗（UI & UX）設計

它是個不斷調整、讓使用者更加順手的過程。有時你想像的使用方式與效果，跟「使用者的真實體驗」之間，會需要來回地反覆修正。

例如，我印象很深刻的是，某年冬天時，我曾在我家玄關自製的椅凳上，擺了一條鬆軟的羊毛毯。「這樣一進門看起來就很溫暖。」我心想。結果，因為看不出來羊毛毯下面是什麼，又怕弄髒白色毛皮，我先生七十歲的挪威阿姨不敢坐到椅凳上穿鞋。

沒想到白色羊毛毯出現了與我預期完全不同的使用者體驗。

◆ 設計與佈置家裡時培養美感的資源

臉書社團

台灣有些版主用心經營的臉書社團。不管是想進行裝修或佈置時，都可以從中找到許多靈感與解決方案。

· 北歐居家／IKEA的極簡設計裝潢美學
· 極簡風居家裝潢設計×好享家居家裝潢設計
· 佈置藏在生活裡
· 小資租屋改造

書籍

如果你讀完本書，還想再讀更多佈置技巧的相關知識，我推薦一本由瑞典居家設計與佈置軟裝師所寫，以圖解方式呈現，相當實用的工具書。

· Frida Ramstedt《Interior Design Handbook》

雜誌

我自己平時會訂閱雜誌，這本每季會分享數個北歐居家與屋主的故事（也很適合拿來佈置家裡）。

・《Simply Scandi》季刊

未來，我也會持續在社群平台上，分享對北歐居家佈置的觀察與領悟。希望每個人讀完本書，都能感受到北歐人對「家」的熱忱，得到嶄新的思考方向，以及親身嘗試的勇氣和力量。

社群資訊

FB粉絲專頁　　Instagram　　YouTube

悦知文化
Delight Press

讓居家空間貼近當下的需求，打造可以與你一起成長的家。

—————《 從零開始打造北歐風格的家》

請拿出手機掃描以下QRcode或輸入以下網址，即可連結讀者問卷。關於這本書的任何閱讀心得或建議，歡迎與我們分享 ⌣

https://bit.ly/3ioQ55B

從零開始打造
北歐風格的家

來自北歐現場的質感生活，輕裝潢佈置設計，讓家與人一同成長

作　　者｜張顥璇（凱西）Hao-Hsuan Chang

責任編輯｜李雅蓁 Maki Lee
責任行銷｜朱韻淑 Vina Ju
封面裝幀｜謝捲子 Makoto Hsieh
版面構成｜譚思敏 Emma Tan
攝　　影｜Anne Andersen｜Anders Slettemoen
　　　　　Hodne｜Marika Mørkestøl｜Veronika
　　　　　Moen｜Scott Kvitberg｜Lars Gartå
校　　對｜葉怡慧 Carol Yeh

發 行 人｜林隆奮 Frank Lin
社　　長｜蘇國林 Green Su

總 編 輯｜葉怡慧 Carol Yeh
主　　編｜鄭世佳 Josephine Cheng
行銷主任｜朱韻淑 Vina Ju
業務處長｜吳宗庭 Tim Wu
業務主任｜蘇倍生 Benson Su
業務專員｜鍾依娟 Irina Chung
業務秘書｜陳曉琪 Angel Chen
　　　　　莊皓雯 Gia Chuang

發行公司｜悅知文化
　　　　　精誠資訊股份有限公司
地　　址｜105台北市松山區復興北路99號12樓
專　　線｜(02) 2719-8811
傳　　真｜(02) 2719-7980
網　　址｜http://www.delightpress.com.tw
客服信箱｜cs@delightpress.com.tw
ISBN：978-986-510-233-3
初版一刷｜2022年09月
　　五刷｜2023年10月
建議售價｜新台幣580元

國家圖書館出版品預行編目資料

從零開始打造北歐風格的家：來自北歐現場的質感生活，輕裝潢佈置設計，讓家與人一同成長／張顥璇（凱西）著. -- 初版. -- 臺北市：精誠資訊股份有限公司, 2022.09
336 面；17×23 公分
ISBN 978-986-510-233-3（平裝）
1.CST: 家庭佈置 2.CST: 室內設計 3.CST: 空間設計

422.5　　　　　　　　　　111011808

本書若有缺頁、破損或裝訂錯誤，請寄回更換
Printed in Taiwan